你终将活成
自己喜欢的样子

李维娜 ◎著

SPM

南方出版传媒

广东人民出版社

·广州·

图书在版编目（CIP）数据

你终将活成自己喜欢的样子 / 李维娜著. —广州：广东人民出版社，2018.11
ISBN 978-7-218-13101-6

Ⅰ．①你…　Ⅱ．①李…　Ⅲ．①人生哲学—通俗读物　Ⅳ．①B821-49

中国版本图书馆CIP数据核字（2018）第169612号

Ni Zhongjiang Huocheng Ziji Xihuan de Yangzi
你 终 将 活 成 自 己 喜 欢 的 样 子

李维娜　著

出 版 人：肖风华

策划编辑：王湘庭
责任编辑：王湘庭
封面设计：新触点文化
内文设计：友间文化
责任技编：周　杰　吴彦斌

出版发行　广东人民出版社
网　　址：http://www.gdpph.com
地　　址：广州市大沙头四马路10号（邮政编码：510102）
电　　话：（020）83798714（总编室）
传　　真：（020）83780199
天猫网店　广东人民出版社旗舰店
网　　址：https://gdrmcbs.tmall.com
印　　刷：珠海市鹏腾宇印务有限公司
开　　本：889毫米×1194毫米　1/32
印　　张：8　　　字数：150千
版　　次：2018年11月第1版　2018年11月第1次印刷
定　　价：39.80元

如发现印装质量问题，影响阅读，请与出版社（020-32449105）联系调换。
售书热线：020-83040176

序
Preface

　　望着四周匆匆走过的行人，我总会发现一个现象——那就是孤独，每个人都很孤独。这种孤独往往并不仅存在于独自一人时，而是你遇到了许许多多的陌生人或熟人，却总碰不上一个对的人。无论身处何地，这个世界总会向你传来各种各样的声音，励志的，坚持的，放弃的，就像繁杂森林中无数鸟儿唱出的叽喳声，却总听不到对的旋律。

　　在漫长的一生中，我们总能遇到一些平凡或不平凡的事，认识无数的陌生人，但其中只有极少数的人会留下来，成为相伴一生的朋友。你才会知道，遇到一个对的人，听到一个对的声音，是多么不容易的事情！听维娜的节目，就像是茫茫黑夜中，你走来走去，都找不到正确的路，在快要失去方向时，却在一瞬间握到了一双温暖的手，陪伴着你走过滚滚红尘。

　　我与维娜老师结识于心海榕社工中心的公益活动，她的付出与智慧，热情与友善，都默默感动着我。是的，维娜老师的声音，正是对的声音，而维娜老师，正是对的人！现在，她终于从网络走到现实，将这么多年来用心整理的人生经验，用轻松的风格，写成一段段优美的文字。

　　在茫茫人海中，在繁杂琐事里，有这么一股清流般的字句，时时陪伴身边，洗涤浊尘的烦扰，该是多么美好的一件事！我乐意推荐，并期待这本书像一粒温暖的种子，在这个匆忙的世界里，绽放出一朵朵美好的生命之花！

心海榕心理咨询机构创始人　于东辉

2018年6月

自序
Author's Preface

人生的敢梦

此刻，窗外开始狂风骤雨，风肆意地吹，发出一阵阵旋涡般的声音，仿佛要把万物揽入怀中。雨疯狂地敲打着玻璃，我想象着自己此刻如果站在风里，一定会被她卷入怀中，然而现在，我待在自己宁静的书房里，轻轻敲打着键盘，记录着我的生活，记录着这美妙起伏的生命音符。

从小，我就是个浪漫的姑娘，爱唱歌，爱幻想，没有边际。有人说水瓶座的人就是爱幻想、爱做梦，大概真的是这样。从学生时代开始，我就幻想离开自己出生的地方，幻想去大都市读大学，幻想和像电视剧里的男主角一样的人谈恋爱，幻想自己的足迹踏遍全世界……想着想着，真的就美梦成真了：我离开了家乡，去了北京上大学，成为一名主持人，然后慢慢拥有了自己的事业。

后来，我学习了心理学，懂得了"吸引力法则"，才知道，身边的万事万物都是被自己的振频所吸引，于是后来，我常常和身边的人分享一句话：你要敢想，才能拥有。于是，"敢"字变成了我生命中一个很酷又很有能量的字。

这几年来，我见过很多姑娘，她们看着别人活力四射，内心渴望至极，眼睛里却流露出害怕，言语间透露着恐慌，我这才明白，一个人信任自己、信任生命有多么重要。

不记得从哪一刻开始，我发现自己不再那么急躁，那么骄傲，那么狂妄，甚至发现自己曾经看见的、自己以为的，都不一定是真实的，也不一定是正确的，也终于慢慢体悟到《小王子》中所说的：眼睛看见的不一定是真实的，心的感受才是真实的。于是在我的生命里，我开始正视真实，真实地面对自己的缺点、害怕、孤单、恐惧、讨好、羞愧，以及各种不安。

当那些情绪刚刚被看见和觉察的时候，仿佛有一群蚂蚁在我的血液里来回爬动，让我各种不安。可渐渐地，我开始拥抱自己，拥抱这样不完美的自己，我甚至开始庆幸，我拥有的这样的不完美的、真实的自己，是那么动人，那么真实，让我感觉到自己是真正活着。我放下了那个被勾勒出来的完美的自己，爱上了这个不完美的自己。我接纳了那个争强好胜的自己，回归了散发着迷人的女性能量的自己。一个女人，这样活着真好。

目录
CONTENTS

01

第一章 —— 幸福是一种能力

02

CONTENTS

03

第三章 —— 你的不顺与生活无关

04

05

CONTENTS

01
第一章

幸福是一种能力

有些路，终究要一个人走

前两天我看了一篇文章，讲的是87版《红楼梦》中晴雯的扮演者安雯现实中的命运，越看越唏嘘。

众所周知，安雯在拍完《红楼梦》后嫁给了国内著名的作曲家苏越，结婚后，苏越非常爱她，可以说宠到逆天，含在嘴里怕化了，捧在手里怕摔了。他包揽了安雯生活中的一切，她想抽烟，就算外面下刀子，他也会到外面买。吃饭时，哪怕是买两盒便当，苏越也一定要先问安雯爱吃哪个，老婆不要的他才吃。更夸张的是，夫妻俩到广州玩，安雯忘了带鼻炎药，苏越立马命令司机连夜坐飞机回北京拿。第二天，安雯一觉醒来，药已经在枕边。

在这段20多年的婚姻里，安雯就是这样被老公宠过来的。她不用出去工作，不用理会外面的世界，她被宠溺得像个永恒的少女，她是他的金丝雀、笼中鸟，活在他为自己打造的富贵温柔乡里。所以人到中年的安雯仍然是一个不谙世事的"小女孩"，连到银行取款这种基本的生活技能都没有，完全跟社会脱节了。

世事难料，后来苏越因为伪造合同、巨额诈骗被判了重刑。失去了支柱的安雯，仿佛一下子从天堂跌到了人间。在那段最艰难的日子里，她不仅要维持自己的生活，还要帮苏越还清所有的债务。她向朋友求助，却得不到回应，只好把家里的房子、车子都卖了，可还是填不了这个坑。

心高气傲的她受尽了人情冷暖的折磨，那段日子，她天天哭，哭坏了眼睛，最难过的时候想过跳楼。她在微博里透露心声说："苏越，你干吗要那么爱我、宠我？你宠了我23年，干吗不永远抓住我的手？你把我一直保护得好像婴儿，让我一个人完全不能面对这个世界！"苏越对她的宠溺也是对她的残忍，因为一个人就算再爱你，也无法永远与你同在，而当你失去这个人的那一天，天就塌了。

在生活中，我们都渴望有人能无限度地宠溺自己，一旦遇到这样的人，很多人就会毫无防范地成为一个依赖症的患者，以前练就的武功好像一夜间都被废了。我想起我的一个朋友说，自从谈恋爱以后，她跟男朋友出门逛街连走路都不会走了，完全分不清东南西北，因为习惯了被他牵着走，已经没有了方向感，其实这是危险的信号。

我们当然希望爱人待我们如珠如宝，但也要保持清醒、独立的能力，这样，即使有一天没有他，你也能继续生活。人有旦夕祸福，风雨飘摇时要有自救的能力，才不会方寸大乱，要生要死。我们可以享受宠溺，但千万别忘记了在这个残酷的世界里修炼生存的技能。年轻时吃些苦不要紧，最怕的就是人老珠黄时还要为一口饭战战兢兢，所以我们在最好的年龄里要不甘只成为温室的花朵。

去外面的世界看看吧，在我们的父母身体尚算硬朗，我们还有青春能消耗时，去经历挫折，去承受苦难，去面对人世间该面对的一切。有些路，终究要一个人走；有些苦难，终究要自己背负。只有自己对自己的宠爱，才永远不怕失去；只有自己打造的天堂，才最真实。

幸福是一种能力

　　在这个竞争激烈的社会里，越来越多的女人投身职场，工作能力越来越强，在职场呼风唤雨，但是却减弱了生活的智慧，女人味渐渐变淡，慢慢地，就成了所谓的"女强人"。

　　曾经，"女强人"这个称呼对女性来说是一种赞赏和尊敬，可如今，越来越多的媒体报道让"女强人"变成了有贬义色彩的称呼。"某某是女强人，离婚了……""我上司是个女强人，很变态……""我们老板常年跟老公分居，这种女强人一看就很难伺候……"一说到事业成功的女性，几乎就会跟单身、不幸福扯上关系，可见职场的女性要平衡好事业和自我有多难。

　　在我看来，女人的格局决定了结局。格局对女人来说，是非常重要的，而决定格局的因素有很多，自信、心胸、素养都是其中之一。对于女性而言，美丽与魅力是自信的源泉，变老是任何人都无法避免的，但是随着年岁的增长，如何不会变得年老乏味，而是魅力不断增加，美丽不断升级，由内到外不断地增值，这是值得每个女人一辈子去学习和寻找的。这是女性自觉培养的品格，我觉得这种品格应该包含了懂得爱，懂得珍惜，懂得善待自己，也懂得敬重他人，尤其是心胸和气度。

女人做事业，除了希望能拥有自己独立的财富，更是希望拥有一份自己的人生保障。女人真的要有自己的事业，这样内在的自信才会有增无减，同时见识也非常非常重要。有见识的女人的魅力会随着年龄增长而不断增加，自信也会不断增长，更会懂得爱的艺术。

"见识"是一个内涵很广的词汇，包罗万象。女人的心胸与格局很大程度上与之有关，一个没有见识的女人很难确保可以越来越有魅力。所以现在各种"鸡汤"文还有励志书都鼓励女人要多出去长长见识，要有自己的社交圈，要有闺密、有懂得欣赏自己的人，要有持之以恒的兴趣，这样才能形成一个情感的循环，才能够让生命始终拥有令人感动的内容。

曾经看过一本书，叫《上海的金枝玉叶》，讲的是民国时期的名媛郭婉莹命运多舛又传奇的一生。这个老上海著名的永安公司郭家的四小姐，曾经锦衣玉食的上海滩名媛，在经历了战乱和时代变迁之后，所有的荣华富贵随风而逝，丧偶、劳改、遭受羞辱打骂、一贫如洗……但是30多年的苦难并没有使她心怀怨恨，她依然美丽、优雅、乐观，始终保持着自尊和骄傲。

在最艰难的岁月里，她还需要为已去世的丈夫向国家偿还10多万元的债款，而当时的北京，看一场电影仅需1毛钱。她带着两个孩子搬到不足7平方米的小屋里居住，屋里没有暖气，寒风刮得屋顶咔咔作响。冬天早晨醒来，人的脸上都会结霜，可郭婉莹却说："晴天的时候，阳光会从破洞里照下来，好美。"

没有烤箱，她用铁丝烤吐司；没有茶具，即使用搪瓷缸子，她也要每天自己煮下午茶；买不起德国名犬，她就给儿子买一只小鸡崽，并叮嘱他要好好养着……别人看来无法想象的艰苦生活，她却总有办法让日子过得有生活的气息。谁也想不到，一个从小养尊处优的千金小姐，尽管没有了物质上的一切，甚至连做人的尊严都被剥夺时，她还能保持着对生活的乐观，还有对美的追求。

这样一个女人，谁也打不倒她，谁也无法阻挡她活成自己想要的样子。

在我看来，女人过得幸福真的是一种能力，而这种能力我们需要慢慢地学习。通过学习成长，我们可以允许自己的年华逝去，但是我们不应该允许自己言谈无味。趁着现在还有收获更多、掌握更多幸福的能力，多想办法让自己幸福吧，多年后我们就可以很自信地说，纵然时光流转，青春回转，我依然爱现在的自己。

不管怎样，我们都要学习成长，在经历挫折、困难后，不断地获得更多的智慧与对人生的从容和淡定，那种幸福就会随之来到身边。

姑娘晚婚怕什么?

　　前些天我去参加一个朋友的生日聚会,在聚会上朋友分享我的节目给大家听,一帮女人开心得嘻嘻哈哈,这个时候有一个姑娘跑过来问我:"维娜老师,我怎么样才可以把自己嫁出去?"我就问她:"那你是想嫁出去呢,还是想嫁给自己想嫁的人呢?"她说:"我想像尼可一样嫁给爱情。"尼可就是我这个生日的朋友,她跟她老公就是素人版的钟丽缇和张伦硕。她上一段婚姻有一个儿子,已经4岁了,然后她带着儿子嫁给了一个比自己小5岁的老公,幸福得不得了。她说她带着儿子独身多年,从不将就,就是为了得到自己内心追求的真正的幸福,因为她很清楚自己想要什么,这一点让我觉得无比珍贵。

　　其实在这个社会,很多人感觉孤单寂寞,想自由又想有人陪,但是又有多少人能够做到只爱自己呢?有一句话说:"唯真知才有真爱，唯真自知才有真自爱。"意思是，我们只有摆脱了现代这种快节奏生活带来的浮躁，回到古人所说的明心见性，认识自己，才能遇见自己想要遇见的人，过上让自己内心真正舒适的生活。如果你是一棵苹果树，你就不会期待自己结出橘子。你了解自己对伴侣的需求，就不会因为寂寞和空虚去寻找一个只是陪你消遣的人。那样的陪伴，我想只能满足生理的需求，内心却依然是空荡荡的孤单。一对相爱的人遇见彼此，女人对男人说了这样一句话，我觉得特别美，女人说："因为我自爱，我遇见了美好的你；因为你爱我，我遇见了更好的自己。"

所以，姑娘晚婚怕什么？晚婚可以让你在人生未来几十年不再孤独，因为你会遇见那个自己真正想遇见的人，那个懂你的人，他会伴你度过余生，有意思的余生，而不仅仅是陪你过日子。仅仅为了过日子的婚姻看似热闹，实则孤独，起步虽然早，但越往后越艰难。在这样无趣拧巴的婚姻里，两个人陷得越久越痛苦，要么一个人选择结束，要么两个人都选择这样消耗着，直到把青春和快乐消耗殆尽。

在这方面，韩剧给了我们很好的启发。前段时间很火的《经常请吃饭的漂亮姐姐》讲的就是一个大龄单身女青年在屡次恋爱受挫后，遇到了真命天子——从美国回来的闺密的弟弟，然后两个人不顾一切，排除万难在一起的故事。故事有些狗血，也有点鸡血，却让一众大龄单身姑娘眼前一亮：谁说晚婚可怜可怕，晚婚是为了邂逅高富帅！另一边的已婚女士们也看得牙痒痒：为什么自己要那么早嫁了呢？说不定命中注定的男神还在读大学呢！

所以，晚婚的姑娘们，千万不要受闲言碎语影响而自乱阵脚。婚姻的美好在于它让你变成自己喜欢的样子，在于哪怕80岁，在他面前你依旧可以是个撒娇的女孩。即使你现在30岁、40岁，依旧还有漫长的岁月去享受两个人的甜蜜时光。婚姻不是赛跑，你不必赢在起跑线；婚姻是远足，只有相互扶持，慢慢前行，才能看到最后的美景。

女性力量让世界更加美好

我最近看到马云在第二届"全球女性创业者大会"上说，在未来，女性仍是阿里巴巴成功的首要因素。他说，男人创造了世界，但是女人让这个世界变得更美好。他还分享了自己的一些新观点，希望人们能够重新定义女性的角色，让女性创业享有和男性平等的机会。

阿里巴巴的成功，离不开大批女性的支持，这也不是秘密。马云说电子商务非常难做，刚开始做电子商务的时候，大家以为就是两台电脑在交流，但是他一直认为，虽然电脑是冷冰冰的，但电脑背后的人必须充满热情、热心和爱心。而实际上，也是因为有无数女性在背后的付出，才能把阿里巴巴的体验和服务做到极致，也才有了淘宝和天猫的今天。

我觉得他说的体验和服务这一点特别重要，因为服务类工作对耐性和细致度的要求更高，而女性更愿意为别人考虑，更能够做好细节，所以女性从事服务性质的工作更能做到极致。我们也经常看到一些成功的女性创业者，她们成功就是因为她们身上具备了这些品质。现在大家经常会聊到人工智能和机器人，从某种意义上说，在未来，机器人可能会代替保姆，但是不能代替母亲；机器人也可以给我们喂药、打针，但是机器人是冷冰冰的，它不能代替母亲的关心和护士的爱心。

从这一点上说，在未来做企业、做企业家，能够为他人考虑和关心人，真的是必备的品质。我们要有情商、智商、财商，其实还要有爱商。企业家用自己的温暖和真诚带领企业贡献出力量，贡献自己的微薄之力，这个就是我们所说的爱商。这种爱深植于我们每个人的内心，当这种爱开始流动，就可以让彼此的生命得到滋养。这种以爱商为基础发展的产业，就是未来很多人将会从事的"温暖商业"。女性天生就具备了这种能够滋养和温润他人的力量，而且女性的力量是巨大的，可以滋养和托起她身边的所有人。

一般来说，如果妈妈很优秀，孩子也不会差到哪去，一个成功的男人背后也一定会有一个强大的女人。可以看到，女性力量已经是当下很多人关注的话题。这里说的女性力量，不是什么标签化的女强人，而是由无数个情感丰富、脆弱而又坚强的个体所组成的一个群体。这个群体并没有固定的组合和标识，但它无处不在。它也是一种纽带，不分国界，不分职业，也不分年龄，群体中的每个成员能够做到彼此坦然，可以毫无保留地去分享自己的体验，可以一起经历生命中的蜕变，一起活成自己喜欢的样子。

如果你觉得自身有一种力量被压抑，或许妨碍你发掘自身潜力的因素并不是来自于外部环境，比如说你的孩子、婆婆或者老板，而是很大程度上来自于你对自己的束缚。所以你要用自己独特的智慧去活出自我，要懂得珍惜和认识自己作为女性的优势，勇于创造和改变。

今天，不管你是作为一个普通个体还是作为一个企业家，都可以用自己的力量去改变自己，改变世界。狄更斯在《双城记》中写道："这是一个最好的时代，也是一个最坏的时代。"对于被压抑了许多年的女性来说，现在无疑是一个最好的时代，这个时代让女人不再被限制在家庭这个狭小的空间里，这个时代让女人可以挺胸抬头面对这个世界，发出自己的声音，这个时代让女人可以做自己想做的事，成为自己想要的样子。

我们可以温柔，我们也可以脆弱，然而我们更可以坚强。

身为一个女性，我们承载着一种顺应自己的人生和生命的力量，这种力量并不会让我们变得卑微，它只会让我们变得谦卑。一旦我们能够去知晓它、感应它，我们的内心将变得无比强大，而那种谦卑的力量也会让我们变得越来越柔美。我们可以活得很自在，活得很有韧性，这种自在和韧性将会影响和改变我们身边的人。

快乐是可以被选择的

　　多数人都相信，如果他们能拥有目前所没有的一些东西，将会更快乐、更满足、更被爱，或是更开心。于是他们开始采取行动，想获得自己想要的东西，即使当时他们并不处在自己所渴望的状态里。许多人终其一生都在追求自己没有的东西，而且从来没有活出过自己想要的状态。

　　看看你的四周，你认识的大多数人是否都在做一些事情，这些事情的目的是为了得到他们之前没有的东西，或者是他们认为自己没有的，这些东西可能是财富，可能是名誉，可能是权利，也可能是爱情、亲情或者其他。人们努力追求这些，好让自己活在某种状态里。其实很多人的生命历程是这样的一个循环：渴望、行动、达到渴望的状态、再渴望、再行动……这个循环没有休止，构成了人们欲望的根源，也让很多人忘记了自己寻找的初衷。其实，我们可以达到自己想要的任何一种状态，因为我们有选择的权利。如果你想要的是快乐，那么现在就开始做一个快乐的人，抛开所有的悲惨和痛苦，不管怎样，现在就选择快乐。

如果你处在这种状态中，并且以这样的态度待人处事，你将会吸引到更多令自己快乐的事，慢慢地去忽视那些令自己不快乐的事。我们每天都可以有所选择，选择自己要用哪一种态度去拥抱这一天。我们并没有办法改变过去，我们唯一可做的事情，就是用自己选择的某种心态（比如快乐）好好地生活着。

我深信，生命之中有10%的事情是注定要发生在我们身上的，其他的90%则是我们需要做出回应的问题，因为我们的态度才是决定问题的关键，就像很多人不是因为缺乏爱而受苦，而是因为自己对体内的负面情绪缺乏觉察。我们让自己失望，所以制造出各种局限，做出种种要求以及不断的期待，这些局限和期待是我们觉得不快乐的根源。

我们应该从此刻开始，常常滋养自己的灵魂，腾出时间来静坐，或者漫步于大自然，听音乐，读一些自己喜欢的书，与自己喜欢的人相处，以便更了解自己。不要再拿赞美、声誉、权势、财富和注意力来填饱自己，否则你就是对身外之物上瘾了。

在你的生命里，最大的突破就是你可以不再担忧别人对自己的看法，这样你才能真正自由地去做你认为对自己最好的事情。我们只有在不需要外来的赞许时才会变得自由。

因此你要明白，此刻你无法真正快乐的原因，是你把所有的焦点都集中在你不曾拥有的事物上。比如很多女人不快乐的原因就是整天看着别人家的生活，觉得人家的老公比自己的老公温柔体贴、能挣钱，人家的小孩比自己的小孩懂事听话、学习好，甚至人家的房子都比自己的大，这样的女人，永远都不会觉得满足，永远都会觉得自己过得很惨。有句话说，最悲惨的女人是：嫁了个会挣钱的老公，想要的却是陪伴；嫁了个天天陪着自己的老公，想要的却是锦衣玉食。说的是女人，其实男人也一样，最怕的就是他们整天盯着自己没有的东西。

想起我的一个闺密，她凭自己的努力在一线城市结了婚，安了家，有了可爱的儿子。本来一切都好，儿子一天天长大，她的公司也稳步发展，算是有了自己的事业。几年前，儿子因感冒去医院检查，却被诊断出患有白血病，当时她几乎想死的心都有了。后来，从儿子被确诊到第一次治疗出院，再从第一次复发后辗转北京治疗到病情稳定，五年多的时间，她的日常生活，应该说全家人的日常生活，就只限于医院和出租房之间，除了在医院照顾儿子，就是回出租房做饭，整理儿子住院要用的东西，还有，就是筹钱。

这一折腾，就是五年。从她去北京给儿子治病开始，我们就没见过面，只是偶尔通过微信和电话联系。在她儿子病情稳定下来后，我们也开始聊一些轻松的话题。她说："我开始写微信公众号了。"我说："挺好的。"她说："我加入了基督教，现在每天除了照顾儿子，就去附近的小公园散步，散步的时候什么都不想，只想着今天要怎么过。"我说："你现在好像还挺好的，至少感觉你心态很好。"她说："如果想不开，早就去跳楼了，我现在每天都过得很平静，很感恩，至少我儿子还在，我头发也没白。"

之后，我经常会想起跟她的这段对话，很多想不通的事，也就慢慢想通了。这世上，除了生死，其他都不算大事。有些人，即使在别人看来正处在水深火热中，他们也能找到让自己快乐的方法，甚至能说"我过得还不错"。这种人，真正找到了让自己快乐的方法；这种人，命运永远无法打倒他。

如果你还在执着地追求一些看上去更高、更远的目标，记得问问自己：我的心快不快乐？如果我只有三天的生命，我会去做些什么？不要回避内心的答案，也许那个答案，才是你人生最重要的价值。

放一些禅在我们的关系里

　　夫妻在相处的过程中，磕磕碰碰在所难免。在唇枪舌剑的时刻，我们不妨用禅来解读一下夫妻关系。

　　有一种现象：婚姻让我们失望，而禅可去除我执。追寻不变的爱情，几乎是所有人的我执，也是芸芸众生在追寻爱情时痛苦的根源。临济义玄禅师说过一段禅门奇语："逢佛杀佛，逢祖杀祖，逢罗汉杀罗汉……始得解脱。不与物拘，透脱自在。"

　　这里的"杀佛"其实就是"杀我"，是去除我执的第一步。夫妻相处中，如果我们对婚姻不抱预想，而把它看作全面地了解另一半的开始，怀着初心去相处，我们就会发现无数的惊喜。

　　第二种现象：乏味地生活，消磨了爱情。关于这一点，禅语是这么说的：活在当下。有人问赵州和尚："请问高僧，何为修行？"赵州和尚回答："吃饭、睡觉、喝茶。"那么如何修行呢？赵州和尚起座离开，回头说了一句："我得去上厕所了，你看，这么点事情也得我亲自去做。"

在禅学大师看来，就是要通过不断地重复一些微不足道的动作，我们的思想才能脱离对过去和未来的不切实际的想法，活在当下。如果我们能在柴米油盐的平凡日子中去细细体会，关照彼此的变化，就会在看似乏味的夫妻生活中不断创造出惊喜。

还有一种现象是，随着一起生活的时间越来越长，夫妻双方的空间越来越小，彼此间越来越有束缚感，从而产生了对婚姻的厌倦，甚至慢慢疏远对方。从禅学上来说，夫妻恩爱的关键就是空间上的有无。这就是从恩的角度来体会。修行者对外缘都能吸之，而婚姻是我们生命中最重要的缘。如果我们能够做到真正的心圆，就不会要求对方太多。如果我们懂得感恩，就不会要求对方与你形影不离。夫妻生活中还得有一份谅解，这种谅解当然不是纵容，而是在体会自己局限的同时谅解对方的局限。有了谅解，才会在保有爱的同时也让彼此拥有自由的空间。

在一段关系中，活出自己

在一段关系中，往往会出现一方想从对方的眼中看到自己的价值，却又常常因为找不到而失望、愤怒，从而受伤。一个人无法知道自己真实的价值存在于哪里，于是他便会希望从他人的响应中找到自己的价值所在。这些都是源于他不知道自己的价值，所以才一直付出。"我为你做了这么多，你都没有感觉到吗？""你怎么不会用一样的方式来对待我呢？""我付出了这么多，你怎么都视为理所当然呢，怎么都没有对我表示感谢呢？""我付出了这么多，为什么都没有给我一句肯定呢，到底要我怎么做才够呢？"这些话听着好像很耳熟，每个人几乎都会说，在一段关系中，女人往往更容易觉得自己是付出得多却得不到回报的那一个。

在一段关系中，我们时刻在衡量，又时刻在计算，我们害怕自己失衡，害怕自己付出一切，却什么也得不到。在这段关系中，这些巨大的恐惧被映照得一览无遗。

其实，在一段关系中，拼命付出的人，往往是没有底气的那一个。如果一个人不知道自己的价值所在，他往往就会用付出来交换价值。他认为因为我的给予是你需要的，所以我有了价值，但这样的给予常常会演变成怎么给都给不够，怎么给都得不到对方的肯定与回馈。一个人在付出的同时，并不知道别人早已把他的付出认为是理所当然，也不在乎他付出的背后是怎样的一种心情，但他却仍是不顾一切地相信，只要继续为对方付出，终有一天，对方会发现自己的好，会愿意回馈给自己同样一份好。他仍然期待在对方眼中看见自己的价值。说到底，这个付出的人，是把自己的价值建立在另一个人身上。对方的肯定和满足，就是他所认为的自己的价值所在。如果没有了这个人，他就无法想象自己有什么价值。他将自己价值的所有评判权都交给了对方，不肯相信自己，也不肯花时间摸索了解自己的价值，只是期待着对方的一句肯定和感谢。

这种关系，在生活中，最常见的就是父母与儿女的关系。

很多父母退休后，因为没有自己的生活和兴趣，所以就把所有的注意力都放在了儿女身上。他们并不知道儿女需要什么，或者也不想了解他们需要什么，只是把自己的要求和想法强加给儿女，认为这就是儿女所需要的。

常见的是，父母觉得儿女年纪不小了，应该结婚了，于是开始操持为他们买房，帮他们准备结婚事宜。等儿女结了婚，父母又觉得他们应该有小孩，于是又开始操心儿女生小孩的事。有了孙子孙女后，父母的注意力就到了孩子身上，开始出钱出力帮忙带小孩，这一带，就是好几年。从儿女成年，一直到孙子孙女成年，很多父母都有操不完的心。如果儿女没有意见还好，一旦儿女有不同的想法或者对他们的做法不满意，对话的开始一定是："你们太没有良心了，我们为你们付出了这么多，你们怎么就不知道感恩呢……"你看，一场家庭控诉马上就要开场。这个情景，是不是很熟悉？

亲密关系不能建立在恩情之上，恩情是一种失去平衡的付出，有恩就可能会有仇，恩中常会出现控制，仇则是应该感恩的那个人的背叛。不论是父母、夫妻还是其他亲密关系，一旦一方陷入"你应该感谢我""我为你做了……""你付出的没有我那么多"这样一种思维，这种关系就开始变得不对等。一旦关系不对等，结局必定不会好看。

　　在一段关系中只有活出自己，才能将这段关系良性地维持下去。一个真正活出自己价值的人，在关系中才是安心的，他不需要为了取悦对方而扭曲自己，将自己变成一个连自己都不熟悉的人。一个懂得了自己价值的人，知道自己在一段关系中的位置和重量，就不会勉强自己做出为难的事，也就能够让真正懂自己、欣赏自己的人靠近，而不是随着不同人的需要去改变自己。

　　懂得自己的好，能够让你成为一个有价值的人。懂得自己的好，要先从爱自己开始，这样在一段关系中你才能真正有爱人的能力，才能真正地去感受一段亲密关系中的和谐、美满、爱和喜悦。

不怕黑，是女人过好这一生的答案

有段时间里，我的微博和朋友圈都被周迅和梁朝伟的《不怕黑》三部曲给刷屏了，几乎每个看过的女人都在转发。除了对这两位殿堂级演员棋逢对手的演技的赞叹，就是对二人演绎的故事的感慨。

我也看了，虽然只是十来分钟的短片，但每一帧画面都撩拨着我的思绪，每一句对白都走到了我的心里。短片分为三部，分别以"年轻""成长""自在"作为主题。短片中周迅分别演绎了20岁、30岁、40岁这三个不同年龄层女性的人生故事，梁朝伟则扮演一个人生导师，每当她遇到苦恼和困惑时，电话那一边的他总会为她解开心结。

除了周迅和梁朝伟演绎的故事，更让我记忆深刻的是片中穿插的对普通女性的采访。每个人在镜头前，都分别对"你有过不被看好的爱情吗""如果他要你去他的城市重新开始，你愿不愿意"以及"30岁的人生，比起20岁时，有什么不同"等问题做出了回答。这些回答很简短，却表达了她们最真实的一面。

这些女性，可能是你，可能是我，可能是她，她们都有过一段不被看好的爱情，有异地恋，也有网恋；她们都曾为爱的那个人赌上了自己的青春和幸福，愿意为对方付出自己的所有；她们30岁的人生可能艰辛，可能迷茫，可能一直在努力却从未被认可；为了更好的自我，她们在职场拼杀，不愿意将就一段别人安排的婚姻，或者为了工作全力付出，却无法多花一点时间陪自己的孩子……

这些黑暗你我都曾经历过或者正在经历，而正如梁朝伟在片中所说，正是这些黑暗才成就了今天的你我。没有人能一开始就看到光，也没有人生而强大。人人都有过在黑暗中哭泣的日子，而当黑暗来临时，唯一的办法就是面对它，然后走过去。

周迅的走心演绎让许多女人在这个角色中看见了自己，也让许多的观众为之触动。就连周迅自己也说，出演《不怕黑》，就像在演20岁、30岁和如今的自己。一直以来，周迅给人的印象便是浑身透着灵气，就连恋爱的时候也会透着光。对于每段爱情，她都是轰轰烈烈，全身心投入，爱得高调而且从不遮掩。

　　这个被称作"恋爱中的宝贝"的女人，曾经在她最好的时光里谈过几次荡气回肠的恋爱，每次她都全力以赴，不求全身而退，但求无怨无悔。她曾说过，爱情是她人生唯一的驱动力。我想也许是因为她对生活始终抱着积极热忱的态度，也可能是因为时光对她格外温柔，所以岁月似乎没有在她的脸上留下痕迹，时间好像也在她身上停止了脚步。如今已过40岁的周迅，经历了一次次飞蛾扑火般的爱情后，终于在2014年遇到了和自己携手一生的那个他。曾经渴望轰轰烈烈的爱情的那个小姑娘，如今少了执着，多了从容，自在而美好。

　　我很喜欢这个短片的最后一句话："所有的那些过去，都让你成为今天的你。"你应该把过去的完美和不完美全盘接受，然后绽放成如今这个活得通透的自己。因为经过了岁月，经历了有故事的人生，每个女人才会变得有温度，不怕黑，也会最终懂得要想温暖别人，先要温暖自己。

一个女人如何过好自己的一生?

有段时间很多朋友都在追一部电视剧,是在去年特别火的《我的前半生》,它改编自亦舒的同名小说,讲的是家庭妇女罗子君被老公抛弃后不得不靠自己重新融入社会,然后找到自己新的人生的故事。这本小说写得比较有年代感,是经典的亦舒调子,而电视剧其实只是借了亦舒这本小说的壳,将整个故事完全放在了现代都市,虽然女主角还是罗子君,但是已经完全变成了弃妇逆袭的励志故事。当然,这完全不影响这部电视剧的可观赏性。不论什么年代,弃妇逆袭都是群众喜闻乐见的故事,更何况还有原著小说的光环笼罩。

电视剧中马伊琍扮演的女主角罗子君,离婚前,一双鞋子都要8万块,钱对她来说不算什么。但问题是,这些钱不是她的,她老公随时可以收回去。最后,她的老公陈俊生婚内出轨,爱上了别的女人，她像一块用旧的抹布一样被抛弃了。乍看，她被抛弃的原因是陈俊生变了心，但聪明的女人能看到，陈俊生变心不是因为外面的女人有多好，而是因为罗子君已经没有了自我，她已经不是当初他爱上的那个人。既然你只是一只金丝雀，那我可以养着你，也可以换了你，道理就是这么简单而残忍。

一段时间内，朋友圈都在分享观剧心得，我感觉身边的女性朋友个个都跟打了鸡血一样，大家都决定为事业去奋斗。她们说男人这种物种太不可靠，靠男人搞不好落得跟罗子君一样的下场，还是靠自己来得保险，至少后半生还有个保障；不管怎么样，房子、车子是不会离开她们的，就算没有男人，至少还有一个自己的窝。

人到中年遭遇背叛和离异，确实令人感慨万千。可在我看来，这些都是我们生活中的常态。电视剧本来就是生活的缩影，无论我们是哪个角色，首先我们都得先看看自己。

其实，我之前也是那种在情感里非常任性、非常霸道的姑娘，觉得在一段关系中一定要掌握主动权，也曾经把爱情看作自己生命的全部。每个女人年轻的时候，都有过疯狂的阶段，但是在经历了挫败以后她就会明白，原来一个女人掌控人生的秘诀，就藏在岁月的沉淀里，藏在她经历过的挫折和失败中，也藏在她从过往生活里学到的智慧和成长中。

如果你看到一个女人可以游刃有余地穿梭于事业和感情中，那她确实不简单。但没有人天生就是赢家，那些看上去能够云淡风轻地享受幸福的人个个都是有故事的人。在有故事的人的眼里，人生的困难和挫折早已经转换成了生命的礼物。就连很多著名的心理学家，即使他们每天帮别人解决各种心理问题，却也都有自己人生的瓶颈。没有哪种幸福和成就是稳稳当当的，你想要，就要自己去拿。

在这个世界上，金钱不是万能的，它虽然可以买到我们想要的一切物质的东西，但是买不来爱，买不来我们内心的幸福感和人生的存在感。一个女人如果只是把人生寄托在他人身上，那她得到的不仅是脸上的皱纹和肥胖的身体，更多的是内心日渐增长的不安全感。这种不安全感就像病毒，会逐渐吞噬健康的自我，等到病入膏肓时，她会发现，自己原来已经无法独立面对这个世界了。

每个人的出生都是带着功课来的，遇到的困难和挫折无非是让你成就自己，成为更好的人。可能有的人的功课是事业，有的人的功课是情感，但是一个女人无论嫁给谁，都要建立自己和这个世界的关系，否则，离了男人，你什么都不是。

　　有一种爱情观认为，每个人都是一个半圆，需要遇见你的另一个半圆，你的人生才会完满。事实是我们每个人都需要成长为独立的个体，有独立的人格，每个人都需要让自己成为一个完整的圆，在一起时可以滋养对方，分开时又有自己的世界。

　　只有真正爱自己的人才会懂得去爱别人，只有爱自己才能明白任何人都没有义务一辈子对你好。不可否认，有种天生的渣男跟谁结婚都是祸害，但也别把锅都给男人背，毕竟大部分男人走进"围城"时还是想着安安稳稳过一辈子的。陈俊生当初也是想一辈子对罗子君好，他也确实这样做了很多年。只是，当那个娇美灵动的女孩慢慢变成了一个四体不勤、面目臃肿、毫无乐趣的中年妇女，有多少人还能坚守当年的誓言，无怨无悔呢？换位思考，如果你是男人，你也做不到。

　　说到底，女人的一生，寄托在男人身上固然不靠谱，寄托于工作也未必能如意。其实，选择哪条路都不要紧，全职太太不是死路一条，职场女强人也未必就是妖魔鬼怪，重要的是知道自己是谁，别忘了自己原本的样子，重要的是记得时不时停下来，问问自己：我是谁，我要去哪里？

做一个富养自己的女人

关于"穷养儿子，富养女儿"的话题一直都比较有热度，很多公众号都乐于发表自己的看法。对于这个话题，我更偏向于传统看法，认为女人就应该被富养。但我所理解的女孩要富养不是仅仅指物质上的富足，而是精神层面上的富足，是一种从小被培养出来的自尊和自重。

懂得自尊自爱是不可或缺的自由和独立的精神，懂得尊重他人则是高尚的品格和教养。很多女孩子会说，自己的父母没有什么文化，并不懂得什么穷养富养。更有很多女性，她们出生在重男轻女的家庭，从小受到的教育就是，女人不能有要求，女人应该服从男人。也许你做女孩时没有条件被富养长大，但长大后也应该具备富养自己、温暖自己的能力。女人只有对自己足够好了，才有可能不在生活中斤斤计较，一直优雅地活下去。

上小学时，我有个女同学，她每天都会穿美美的衣服来学校，衣服的款式是那个年代的小朋友少见的，发型也经常换，今天扎马尾，明天盘个麻花辫。每一天她都是同学的焦点。那时，我们都以为她家里很富裕，要知道，在那个年代，小伙伴大多数都是穿哥哥姐姐淘汰下来的衣服，穿新衣服是过年才能享受的。

后来，她告诉我，其实她的家境并不好，甚至还不如很多同学，但她有个巧手的妈妈。她妈妈经常跟她说，女孩子不能穿得灰扑扑的，要精神要鲜艳，再穷也不能让人觉得潦倒。她妈妈会去布料市场捡一些边角布料，然后自己设计，用这些布料缝制出漂亮的衣服。从小学到中学，她穿的都是妈妈自己做的衣服。家里买不起花瓶，她妈妈会用塑料瓶剪出好看的形状，然后插一枝花在里面，夏天是栀子花，冬天是梅花，有时是不知名的小野花，家里任何时候都干干净净的。"我从来就没觉得自己家里穷过。到现在，我还是会经常给自己买花。"她笑着说。这大概就是被富养长大的女孩最好的例子。

不要觉得自己不是富二代，不是有钱人家的孩子，只是平凡的打工族，就得一辈子活得像个穷人。人的一生，谁不会经历苦难和贫穷？贫穷并不可怕，可怕的是思想的贫穷。思想贫穷的人，永远会觉得自己不幸，觉得一切都是别人的问题。他们每天做得最多的就是抱怨生活的不公平，这种人，往往永远会陷在贫穷里难以自拔。而那些富养自己的人，往往都有一颗感恩的心，感恩自己已经拥有的，并且努力去争取更好的。

所以，真正成功的女人，是被富养的女人，她们不必再费心去取悦谁，宁可孤独也不违心，宁可遗憾也不将就。虽然我们不是公主，但是我们可以在满满的爱的滋养下成为公主。虽然我们已经不再是少女的年纪，但是在满满的自信中，我们可以永远保持少女的心境。

世间懂爱的女子都是懂得了先要爱自己，而最好的爱自己的方式，就是从现在开始，努力赚钱，学会花钱，穿有品质的衣服，住在阳光的房子里，睡温暖的大床，养开花的植物，用好心情去面对每一天，爱一切美好的人和事。这种富足，不必有万贯家财，它从心而发，贯穿你的生命，不论贫穷富贵，谁也无法夺走。

我们要以怎样的姿态过好这一生？

前段时间我的朋友小圆去参加了前男友的婚礼。说起来，分手后还能和前任做朋友，甚至做好朋友并不奇怪，但如果前任的现任是自己的闺密，那事情就有点诡异了。我佩服小圆的地方就在于此。

小圆和前男友还有她的闺密当时是同一个公司的同事，男友劈腿闺密，她是最后一个知道的。大家都还记得当初小圆的狼狈样，被"绿"得在公司待不下去了，不得已选择了辞职。闺密一把鼻涕一把泪地说抱歉，说什么爱情来了就是来了，她也控制不住。小圆心软，连跟她闹的勇气都没有，直接选择了逃避。如今她出现在婚礼上，大家议论纷纷，莫衷一是。有人说这个女人是来砸场子的吧，也有人说是来抢新郎的吧，更有人说，唉哟，要注意哦，不要让她在婚礼上自杀。对于这个前任的到来，大家似乎都有一些恶意的揣测。

但出乎所有人意料的是，小圆既没有哭也没有闹，而是平静地对新人予以微笑和祝福。她后来半开玩笑地跟我们说："这有什么呀，一想到大家终归都要死，我就原谅了他们。这样有什么不好？我本来同时失去了爱人和闺密，但是现在我又有了两个朋友，不是赚到了吗？"

很多人没有小圆那样的胸襟和觉悟，甚至说她是虚伪或者矫情，但她的理论在我看来是有道理的。在我很小的时候，大概那是我第一次接触死亡，我第一次有了区别于日常的感觉，小时候不知道该怎么描述那种奇妙的感觉，后来才慢慢明白，那是挫败和恐惧，甚至是绝望，再后来又接触到了世界末日的概念。有一段时间，所谓玛雅预言里的2012年将是世界末日的流言传得沸沸扬扬，小伙伴们对此也都半信半疑。那时候我突然觉得，如果世界末日的预言并非无稽之谈，2012年变成了所有人都逃不过的劫难，我的家人、最好的朋友、最喜欢的人，还有我崇拜的老师都会陪伴我一起在这个世界上消失，大家都是一样的，这样反而不会那么悲伤了。

回想起那时的那番心境，与我现在所信奉的人生观也相差无几，但是现在更有一种"阿Q精神胜利法"的意味在里面。世界可以给我诸多伤害，而我在伤害里学到了什么呢？大概最多的还是自我安慰吧，我不是大侠，也不是普渡者，但却有勇气原谅所有的不公和伤害。身边的人，所处的城市，工作的境况，可以随时随地打垮我，但是一想到大家终归都要死，我就原谅了所有人。人生在世，很多事情都是不确定的，唯有死亡是唯一确定的事。但这并不意味着生存不再具有意义，我们反而应该反省该以怎样的姿态过好这一生。

尼采有一个很经典的永恒轮回理论，这个理论大致的核心是，这个世界是由有限的粒子组成，而世界的改变也就是这种粒子的组合方式的改变，如果世界是永恒的，那么永恒的轮回就是存在的，所以现在的人身上的粒子将来会再组合成一个与他一模一样的人，而且这个人做的事也就是把前面那个人做的事再来一遍。按照这个理论，任何人，你都不是独一无二的一个，在另一时空，会有一个跟你一模一样的人，你经历的一切，他都会重新再经历一次，不会多也不会少。

这个理论听着很玄，我的理解却是，不论我们相不相信轮回，我们当下能感知的世界，始终只有一个，我们这一生所遇到的人、所经历的事也都是不可复制的唯一。即使在另一个时空，有个一模一样的你，在做着一模一样的事，那已经是你无法感知到的，即使你们的命运一样，那也不再是你的人生。

有句话说，即使你看过那么多"鸡汤"，仍然过不好这一生。其实问题不在"鸡汤"，而在于看"鸡汤"的人。"鸡汤"告诉你，这样你能过得更好，或者即使不能更好也没有关系，而那些真正厉害的人，他们永远能从一堆砂砾中看到金子。所以，你看，那个最后成为所谓人生赢家的，不是那个一出生就含着金钥匙的，或者上天特别眷顾的，而是虽然拿到一手烂牌，却能打得漂亮的那一个。

我的后半生，自己创造

最近我终于把电视剧《我的前半生》补完了，感觉这段时间自己的心情都跟着剧情起起伏伏，以至于电视剧结束的时候，似乎我自己的前半生也跟着结束了。

电视剧就像是生活的缩影，在观看的同时你也明白了自己的人生和生活中的一切都是自己创造出来的，或者说你就是自己生活的真正主角，想演成怎样的剧本，你说了算。

现在的社会比较有意思，一方面引导女性要成为一个贤良淑德的小女人，一方面又打着旗子呐喊着女人要独立。似乎每个进入婚姻的女性都要时刻准备着面对男人出轨的风险和被男人抛弃的命运，要不断提醒自己这种可能性的存在，才能应对这突如其来的悲惨。如果两个人恩爱缠绵，携手到老，彼此都相信对方是自己的唯一，那反而成了一种奇迹。

之前看了一篇文章叫作《去他的老夫老妻，老娘要抱抱》，我觉得这个标题很有趣。在我们的认知中，似乎老夫老妻就应该平淡如水，要什么抱抱，要什么亲亲，实在是太矫情了，可是我觉得真正的恩爱缠绵就是到老都要去撒娇、去拥抱，彼此陪伴，一起变老，这是多么浪漫的事情。人生几十年，两三万天，过起来感觉很漫长，实则只在弹指一挥间。多少争吵后的相聚是热泪盈眶，多少平淡的日子汇集着满满的爱，可这些越来越多人看不见，也感觉不到。

在成年人的世界里，每个人每一天都在为名誉、地位、财富打拼和奋斗。每个人都把自己当成生活的演员，扮演着各种角色，也越来越入戏，可很多人却忘了在这出戏中，自己才是导演，剧情是悲还是喜，其实是自己说了算。

过了30岁的年纪，我也悟出了些许人生道理，但最向往的还是活出自己，不再执着于那些别人特别在意的你的优点或者缺点，也不再执着于一定要让别人说你是一个优秀的、智慧的人，我更期盼的是看见自己。这种看见是靠自己内心去发现的，我的后半生是由我自己创造和导演的，我笃定它的剧情一定会是一出喜剧或者正剧，因为我发现了创造的秘密，而这个秘密就是我自己。所以，也请你别再对生活抱怨，别再活在别人的眼里和嘴里，别再为了家人、孩子牺牲了自己的内心，因为幸福从来都不是靠牺牲换来的。不论你的前半生是怎样的剧情，如果你觉得不满意，如果你觉得那不是你要的剧情，那么，自己去改写它。罗子君可以从一个无法养活自己的弃妇变成职场精英，这说明人生是可以逆袭的，只是这条路从来都不好走，也不是像电视剧里一样，碰巧有个人拉着你、拽着你、陪着你走。

　　我当然懂得生活不易，工作辛苦，但是每个人的路都是靠自己一步步走出来的。那些我们听过的道理，看过的电影，经历过的事儿，都已经渐行渐远。愿我们都一样，挥别过去，活在当下，从当下开始创造自己想要的人生。人生的后半程，让我们一起努力，让自己过得更好一点。

会示弱的女人更好命

前几天，我跟女客户May吃饭，本来是要聊业务，结果变成了她的"吐槽大会"。整整两个小时，她都在吐槽她老公，吐槽的重点是她老公什么事都当甩手掌柜，而她，不仅要赚钱，还要打点家里的一切。"感觉自己找了个假老公"，这就是May的总结。

May让我想起了我的一个好友阿云。阿云从小的志向就是成为一个贤妻良母。结婚后，她把所有的时间和精力都给了家庭，家里事必躬亲，小到换灯修家具，大到子女择校、换车购房，所有的事情都是由她做主操心。夫妻两人都是工薪阶层，老公一个人养不了家，她还得出去工作，家事和工作，哪边都不能耽误。朋友们经常笑她："你总得让你老公帮你一下吧，这样惯着他不行哦！"她总是笑笑，说："他什么都做不好，算了吧！"

多年下来，原本娇俏的阿云华发早生，一脸憔悴，她老公却乐得逍遥自在，什么事都一推作罢。本来年龄相当的两个人，同时走出去时竟有了姐弟的感觉。后来，她老公居然还出轨了。阿云哭着问他："我这么多年为了这个家一直忙里忙外，到底哪里不够好，你要这样对我？"可她老公却说："你没有什么不好，就是太好了，让我觉得我的存在是可有可无的。你反正够坚强，自己一个人也能好好过，可她不行，她没有我活不了啊！"阿云告诉我，其实那一刻她自己也想告诉他，我没有你也活不了啊，我们的孩子怎么办呢。但她还是什么也没有说，离了婚，独自一人带着孩子生活。前夫很快跟新欢结了婚，据说过得还挺滋润，不久又有了一个孩子。

其实May和阿云，都是同样的问题：她们太强了，强到一个人可以解决所有的问题，强到男人已经习惯躲在她们背后，却并不认为自己是付出比较少的那个人。因为，在男人们看来，这类女人"一个人也可以搞定所有的事情"，所以他们的缺席是那么理所应当。

要强的个性，一方面像铠甲一样保护女人去成长，另一方面又把女人层层包裹，隐藏真实的自我、情绪和情感。时间久了，女人甚至无法表达自己的情绪，变得刚硬，变得不知道如何撒娇、如何示弱。女人原本独有的敏锐和柔软也在慢慢地失去，有时候甚至自己都无法感知哪个是真正的自己，是那个白天在职场冲锋陷阵的强大的自己，还是那个无人知道的在黑暗中默默流泪的脆弱的自己？

我们一直以为自己很强，可强与逞强不是一回事。其实更多时候，女人应该问自己：我是不是在逞强？我会不会也像阿云和May一样，永远不会向别人表达自己的需要和情感，不会撒娇，不会示弱？别人给自己的评语里是不是永远都有一个词叫"强势"？如果我们所有的强都不过是在掩饰自己内心深处的恐惧、悲伤和害怕，那么这就只是逞强，我们其实在用不示弱来掩饰自己内心深处渴望的爱和安全感。

现在满大街都在提倡女性独立，都在告诉女人"你应该更坚强"，但我觉得，是时候告诉女人"你要学会示弱"了。这种恰到好处的示弱，是比刚强更强大的力量，也是女人的魅力所在。放下所有的铠甲，告诉自己：我不要做一个冲锋陷阵的战士，我要做一个刚柔并济的女人。内心坚定，外表柔软，这才是女人的最高级别。适当的时候，对身边的人说一句"我需要你的帮助"，你会发现，这个男人其实也很享受被你需要的感觉。

作为妻子，你真的爱对了吗？

前几天我听到几位女士在聊天，其中一位说到自己的丈夫。她说自己的丈夫是个理科男，只对自己的专业感兴趣，知识面一点都不广博，而且憨头憨脑，一点都不灵活，一点都不浪漫，跟他在一起快闷死了。说到这儿，另一位女士忍不住回了一句："你找他的时候，他不就是这样吗，怎么当时看上他现在又受不了他呢？"这位女士想了想回答："是这样。"末了又补了一句："这个男人，我当初就是觉得他简单，能控制得了他，所以才找了他，谁知道他原来是这么无趣的一个人！"

听罢，我心里有种说不出的滋味。我不知道有多少妻子也是这样想，也是这么看待自己的丈夫的。与自己相伴一生的人，当你爱上他的时候，他一定是不完美的。他身上的缺点或者是弱点，并非是婚后才有的，它们在婚前就已经存在了，但是当时你还是选择了他。婚后自己的丈夫没能变得更好，反倒变得更糟，仔细想想，这里面，做妻子的难道就没有一点责任吗？每位妻子都要问问自己，你有没有帮助身边这个男人变得更好呢？

我觉得作为妻子很重要的任务就是帮助身边这个男人变得更好，特别是在他的弱项上能够帮助他，在他需要的地方能够帮助到他。都说婚姻是上帝伟大的创造，他怕男人孤独就用这个人的肋骨和肉为他造了伴侣。而婚姻也是这个世界上最难的一件事，它意味着一男一女一辈子的相守，需要两个人都不断地升级自己爱的能力，更加有爱，更能够去靠近对方，彼此温暖，一起守住这个一生的约定。在这个过程中，两个人需要把自己变成更好的样子，把身边的人变成更好的样子，这件事情，从来都不容易。

网上有一个段子。克林顿当选总统后，有一天，他和希拉里开着车去加油站加油。给他们加油的是一个老帅哥，希拉里觉得眼熟，一看，这不是自己的初恋情人么？于是她告诉克林顿，加油的这位老帅哥是自己的前男友。克林顿一听自信心爆棚，跟希拉里说："你看，幸亏你嫁给了我，如果你嫁给了你的这位前男友，你就是一个加油站工人的老婆。"希拉里反唇相讥道："还好我嫁给了你，如果我嫁给了那位帅哥，他就是美国总统。"这个故事不知道是真是假，但我觉得以希拉里的性格，她极有可能说出这句话，因为谁也不能否认，克林顿的成功离不开她在背后的支持。而她自己在克林顿卸任后，也全力以赴向自己的目标努力，只差一步就成为美国历史上第一位女总统。即使你不喜欢她这个人，但是作为一个女人，作为一个妻子，不可否认，她已经做得很好。

很多时候，我们说"汝之蜜糖，彼之砒霜"，意思就是说两个人在一起，可能一个人认为另一个人很渣，但是这个很渣的人在遇到另外一个人之后突然变得很好或者跟另外一个人相处得很好。这句话告诉我们的是，有时候，你觉得自己找了一个渣男，其实未必是这个男人渣，有可能是你把他变成了渣男。

比如张柏芝和谢霆锋，他们结婚那么多年，从一开始的恩爱变成离婚时的血泪控诉，从一个老婆落难时不离不弃的好男人变成离婚时不负责的渣男，谢霆锋的形象就差点定格在了"对孩子不尽责、对老婆不关心、只会打电动游戏"的糟糕人设上。当他和王菲再次复合时，他们两个人都很低调，但是他们之间的甜蜜是藏不住的。在复合之后的几年里，谢霆锋再也没有传出任何绯闻。现在他出现在媒体面前都是干净、爽朗，甚至有点温暖的形象。他做烹饪节目，教做饭，被问到是否会给王菲做饭时一脸羞涩，这简直不是当年那个叛逆、冷漠的坏小子了！不论外界如何吐槽他与张柏芝的婚姻，与王菲再续前缘后的他成了一个标准的好男友。王菲到底对他做了什么呢？其实没什么，无非就是她让这个男人找到了自己最舒服的一面，让这个男人释放出内心所有的真和善，让他觉得温暖、安定、被人理解、被人需要。

至于他们到底有没有结婚，我想，看懂了这篇文章的人都不会去纠结这个问题。

02
第二章

所有的将就
都是浪费光阴

去匹配更好的爱情

2013年，霸占娱乐头条的是邓文迪离婚的消息。除了离婚本身，更多人关注的是她与传媒大亨的婚姻并没有让她在离婚时得到众人意料中的财富。据说大亨跟她早就签了婚前协议，离婚后她只能得到一些房产。在这段婚姻中，她似乎没有成为"赢家"。

就在众人等着看这个面相有点凶还野心勃勃的"老女人"的笑话的时候，回到大家视野里的却是她挽着比她小27岁的帅气模特男友在海滩漫步的照片。照片上的她笑容满满，身材苗条，不仅不凶，甚至还有点妩媚，真是惊掉众人下巴。

如果这张照片让全世界惊呆，那之后她跟小自己27岁的模特爆出的恋情更是让地球人羡慕嫉妒恨。在媒体晒出的新照片中，她跟帅气的年轻男友精灵搞怪，完全不像是快50岁的女人，身材也还是那么苗条轻盈。离婚后的邓文迪爱情得意，交友甚广，朋友圈星光熠熠，不是名流就是富豪，连投资也玩得风生水起。你不得不服气地感叹：有种女人，总是知道怎样让自己幸福。

可能很多人觉得像邓文迪这样的女人太少了。那看看我们的生活，在我们的身边，从女总统、女总裁、女法官到女教授，在这个社会上有着独立魅力的女性，哪一个不是把青春、精力和宝贵的时间用来投资自己呢？即使是女明星，最后能在娱乐圈长盛不衰的，也是付出多年的时间和心血去打磨自己。而更多女性，为了家庭和爱情，过早地放弃了自我，把自己一生的幸福拴在了别人身上，早就忘了自己的名字，沦为了张太、王太、李太……当失去了所有的身份，只剩下"张太""王太""李太"这些标签时，女人的结局往往不会太好，这一点，《我的前半生》应该是个很好的参考。

有人会说，家庭和爱情也是女人的一种成就。但是在我看来，这些成就都不是保值的，也不会给你带来尊严，只有独立才能让你收获尊严，而有尊严的爱情才是有质感的爱情，才是平等的爱情。所以女人最值得的投资永远不是用青春美貌去投资一个男人或者一段感情，而是源源不断地投资自己、提升自己。不可否认，所有女人都像需要空气一样需要爱情，但如果你把有限的青春用来投资一个男人或一段爱情，那么，你的后半生是不是要在祈求这个男人永远不要离开自己中度过？

　　一个优秀的女人从来都不缺追求者，你要做的仅仅是挑一个自己喜欢的而已。其实男人不会去深入研究他要如何对你，基本上你呈现出来的样子就是他对待你的标准。通俗地说就是看人给价，如果你看上去是女神，那就是女神的待遇，如果你看上去是个"女屌丝"，那就是"女屌丝"的待遇。如果你内外都不修炼，既没有拿得出手的美貌，又没有拿得出手的本事，凭什么要求男人视你如掌上明珠呢？

　　爱情究竟是什么？爱情从来都不是毫无逻辑的荷尔蒙的分泌。如果说在以前爱情是心灵和肉体的共鸣，在如今它便是一场精准的匹配，是人类以爱的名义在生活中去寻找他能找到的，他认为最合适的那个人。而这个所谓的合适，其中包含了多层意义。如果说门当户对是最基本层次的合适，那么今天的互相成就便是更高一级的匹配。看看身边真正能嫁给高富帅的，一定不是只会卖萌吐舌头的网红少女，王子身边站着的，即使不是公主，也多半是御姐。

　　有人说"奶茶妹妹"章泽天是因为漂亮才成了京东的老板娘，说这种话的人，可以去了解下她的经历。当年品学兼优的章泽天作为国家一级运动员考入清华大学，在微软实习过，在哥伦比亚大学游学之时认识了刘强东。即使嫁给刘强东之后，她也是一边怀着孕，一边学习财务知识。生完孩子后，她就拿到了意大利博科尼大学的"私募股权和风险投资"课程的在线证书。在此之后，她陆续投资Uber、茶饮品牌、互联网出行项目、在线教育等，不仅在生意上风生水起，在时尚圈也有了自己的一席之地，成为了京东最有说服力的代言人。

你看，真正优秀的女人从来都不是只靠美貌，有的甚至完全不靠美貌，毕竟成功的男人都聪明，聪明的男人绝对不会只看外表。

所以，还是那句：投资自己才是一个女人最值得做的事情。当你成为一颗闪耀的明珠时，当一个男人不会因为你的皱纹和失去光泽的皮肤而对你有所改变时，你才会明白，那才是真正匹配的爱情，在你的世界里，爱情真的就像人们所描述的那样完美。

好伴侣可以等，好生活不能等

我曾经无数次在各种场合听到两个女生这样的对话：

"这个柜子好漂亮啊！"

"那你买呗。"

"可是我连男朋友都没有，买这么漂亮的柜子给谁看？"

每次听到这种话，我都有种冲动，想走上前跟她说，亲爱的，正因为你没有男朋友，所以你才更要努力把生活过成自己最喜欢的样子。只有你把生活过成了喜欢的样子，你喜欢的、美好的一切才会到来。

可能是我们父母那一辈成长环境的原因，从小他们对我们的教育就是：吃苦是美德，年轻人更要先吃苦后享受。大概是因为这种教育受多了，我们这辈人，大部分都有一种"我还不够好，不配这么好的生活"或者"必须要等有另一半，才能规划更好的生活"的想法，却忘了首先要取悦自己，才可能让未来变得令人期待。

及时行乐是一种美，它降低了我们对未来的期盼，同时减少了我们对现在的埋怨。世间所有的事情都是期待越高失望越大，指望谁来照亮你的人生，都不如自己买一盏最亮的灯，选一张最好的书桌，捧一本最喜欢的书。你可以不知道男朋友在哪里，但你要知道好生活在哪里。一旦把美好的事情假定在有男朋友或者结婚以后，恋爱和婚姻就会变得特别紧迫，你会因为去追逐这个结果而忽略了思考"为什么要"这个过程。

其实婚恋就像一个宝箱，藏着你人生所有的好时光。虽然这个期待的过程神秘而美好，可这个箱子到底在哪里呢？它什么时候会来到你的身边呢？茫茫人海中，一切缘分在没有遇见时都是未知的答案，而遇见了以后，我想即使是多么相爱的人，也没有办法完全理解与体会到另一半的小心思、小感受和小期待。这也是为什么大部分时候，我们会觉得恋爱跟婚姻完全是两回事。恋爱让你拥有了所有对生活的美好向往，而婚姻往往让你向往的所有美好支离破碎，变成一地鸡毛。

生而为人，难免烦恼。如果灵魂上的受苦不可避免，那么我们至少可以好好爱惜自己这副皮囊。我们可以付出人生中最美好的几年，甚至十几年来等待真正属于自己的另一半、一个灵魂的伴侣，但我们不该等待着另一个人的到来才开始构建美好生活。好伴侣可以等，好生活却不能等。

　　不要在等待中消耗生命，请随时开启宠爱自己的模式，不犹豫，不纠结，尽可能地享受一切的美好。即使生活的一切不如你想的那么如意，也要先讨好自己。毕竟，即使真有王子骑着白马来到你身边，你也得有一双闪亮的水晶鞋，才能让王子看到你，不是么？

什么是爱情"假死亡"?

前段时间一个很久没有联系的女性朋友跟我发微信,说她离婚了,我一时不知道怎么安慰她,毕竟,离婚对任何人来说都不是一件容易的事。后来,我们见面聊了一次,她看上去很憔悴、很沮丧,大概是离婚带来的打击还没有过去。

她和我说了离婚的原因,其实也没什么特别,甚至连第三者这些情节都没有。"说起来你都不信,我们两个人都没有外遇,但就是过不下去了,我也不知道为什么会这样。"说这句话时,她红着眼睛,神情迷茫。

她和她老公是大学同学,毕业之后没多久就结了婚,结婚后两个人都留在了广州,当年他们也算是朋友圈里的模范夫妻。我问她到底是什么原因会过不下去,她说他们两个人都是对事业要求很高的人,职位越来越高,工作越来越忙,要不就是没时间在一起，要不就是在一起还在忙着接电话、发微信。"反正就是到后来都不沟通了，因为太忙、太累，我觉得他不需要我，我也不需要他，那就分开呗！"她轻声说道。

两个相爱的人在一起，起初甜甜蜜蜜，仿佛全世界所有人都比不上你身边的那个人。但是随着时间的推移和了解的深入，你会开始质疑：为什么他没有以前对我那么好了？为什么他一点都不理解我？为什么他好像没有以前那么关心我了？一连串的"为什么"渐渐把你带入了不好的情绪中。

有时你特别希望他的陪伴，可是为了做懂事的女人，你压抑了自己的想法，故作开心地和他说："嗯，亲爱的，你去忙吧，我可以的。"说这句话的时候，你并不快乐。有时你不满意他的一些做法，可因为忙，因为累，因为各种原因，你不想说出来，只是一味地把埋怨放在心里。突然有一天你压抑不住了，便开始和身边的人说："他不爱我了，做什么事都不为我着想了，我觉得跟他在一起已经没有感觉了。"你不断地重复这些话，然后不断地告诉自己，他不爱你，他对你不好，然后一切就好像真的发生了。

其实，当你开始压抑自己内心的不满，不愿意去倾诉、沟通的时候，你的爱情就已经进入了"假死亡"的状态。爱情的毁灭就是在这样一天天的埋怨积累中，一步步走向真正的死亡，可最后你还不明白为什么会变成这样。

很多时候，爱情的"假死亡"不是因为不再爱彼此，而是看不见彼此在爱。这个时候不要被表象给蒙骗了，爱情的保鲜剂其实就是彼此之间多沟通、多交谈、呵护和关心，没有那么复杂，但也没有那么简单。很多夫妻，结婚久了，因为忙着挣钱，忙着每天的柴米油盐，忙着照顾孩子，忙着操心太多其他的事，却唯独忘了为对方留一点时间，忘了认真问问对方需要什么，等到发现对方越走越远时，后悔已经来不及。所谓的"丧偶式婚姻"大多莫过于此。

在一段有营养的感情中，最坚韧的纽带不是一开始触动彼此内心的感觉，而是长久相处下来，兼容和谐的精神世界。因为爱情迟早会在日复一日的熟悉中变得平淡，只有内心的认同才是最珍贵且无法被替代的。遇到一份美好的爱情，是人生中一件很美妙的事情。我们对待它就应该如同种树一般，浇水、除草、施肥、灌溉，甚至有时候还要杀虫，这样才可能看见它如我们想象中一样去成长。这也是爱情的智慧，值得我们一生去学习。

离婚的女人，你值得更好的

许久不见的好友要结婚了，本该是喜事，但她妈妈却哭丧着脸说："结婚？现在可是二婚，不要弄什么排场，毕竟是二婚，别给人家看笑话。"语气中带着无奈和伤感，好像自己的女儿做了一件多么丢人的事。

其实也不能怪她妈妈，"离婚"这个词在我们父母那辈人的眼里绝对是个忌讳。在他们看来，一般都是有了第三者才会离婚，所以离婚的都是那种作风不正、在外面乱搞关系的人；尤其是离婚的女人，那简直就像是块破抹布，如果还带着孩子，那这辈子基本上算是完了。所以当一个离了婚的女人回到娘家的时候，她总是要忍受亲戚们的白眼、邻居们的闲言碎语。但是我并不认为离婚有多不好，相反，我更加赞赏那些敢于抛开世俗的眼光、勇于重新追求自己幸福的女人。如果一个女人敢于正视自己的婚姻，敢于放弃一段不合适的感情，那么她一定是鼓起了极大的勇气，也准备好了要去面对今后的艰难。这种勇敢，不正是时代的觉醒么？

爱与不爱，同样受伤，那何必还要苦苦维系呢？如果相爱和分开都是痛苦，那为什么还要备受煎熬待在一起呢？人生那么长，有时候离婚都是不得已的选择。如果有一个好好爱自己的男人，谁又舍得离开呢？所以，女人为什么要离婚？一般是两个原因：一是不爱，二是不被爱。男人可以接受不爱的婚姻，女人却不能接受一段没有感情的关系。对女人来说，只要爱与被爱这两个需求都满足了，其他任何问题都是可以解决的。

我见过很多女人离婚后因被人嫌弃而黯然落泪，而更糟糕的是，她们当中有些人因为整个社会的舆论，在离婚以后就觉得自己低人一等，甚至觉得自己不配拥有一个更好的伴侣和幸福的生活。她们有的忍受着亲朋戚友的指指点点，忍气吞声地生活着，只求有一天自己不再成为他们茶余饭后的谈资；有的把全部身心都放到孩子身上，只希望有一天孩子能让自己抬头挺胸……不论哪一种，她们都放弃了对幸福的期待。

父母那辈人经常说，半路夫妻靠不住。意思就是说，不是原配的夫妻，离过婚再结婚的婚姻都不可靠，这也是他们打死不愿意离婚的原因之一。这个说法已经被无数例子验证过是不靠谱的。一段婚姻幸福的关键，无非是经济状况、家庭成员关系，但最重要的是爱和付出。这几点都跟是否原配没有关系。从某种意义上说，原配夫妻因为结婚时比较年轻，所以在这些问题上反而考虑得很少，而这些问题就是后来引起家庭不稳定的因素。当再次选择时，因为年龄的增长和第一次的经验，他们在很多问题上的考虑会更成熟，双方的契合度也会更高。从这个角度来看，离过婚的女人更包容，更睿智，更懂得珍惜，更值得被爱。

我有个邻居阿姨，她跟她老公感情一直不好。她老公退伍后一直没有稳定的工作，抽烟、喝酒，有时候喝多了还会打她。这些年，她老公基本没给过她钱，家里的开销、儿子的学费都靠她打两份工维持。后来她老公索性自己搬去乡下住，两个人就这么过了几十年。阿姨想过离婚，但一想到儿子，想到舆论压力，就放弃了。阿姨60岁那年，再次想到要离婚，她跟老闺密一说，闺密就赶紧阻止她："都这把年纪了，离什么婚啊？将就一下，就过去了。"于是，阿姨再次妥协。不久之后，她老公被查出得了癌症，而且是晚期。阿姨的生活就此全乱了，照顾老公，解决医疗费，还要给儿子买的房子交按揭，她觉得天都要塌了。

阿姨后来说，当时就应该离婚，如果早两年把婚离了，自己就不用把最后这些年也搭进去给这个男人，至少还能过个安稳的晚年。她很后悔，但事已至此，这个男人还是她的老公，她的余生必须要跟这个男人绑在一起，哪怕未来是无穷的痛苦。其实像她这样的女人不在少数，大部分是耗了大半辈子之后发现这段婚姻不值得维持，却因为各种外界的原因不敢离婚，想着将就着过，最后把自己一生的幸福都将就没了。

我非常佩服那些勇于离婚，并且在离婚后勇于重新寻找幸福的女人。女人离婚能证明什么？能证明她遇到了一个不合适的男人，能证明她也可以放下手里的"砒霜"，再觅人生的"蜜糖"，能证明她敢于掌控自己的命运，更重要的是证明了离婚的女人值得拥有幸福，因为她值得更好的。

幸福的婚姻都有相似之处，不幸的婚姻各有各的不同。不论什么时候，请记住结束一段不快乐的关系，离开一个不合适的人是你的权利。在这一点上，你并不亏欠任何人。离婚不是终点，只是另一段关系的开始，是另一种可能的开始。在这个起点上，你可以期待一切更好的到来。

余生很长，请不要将就

　　在第五季《爸爸去哪儿》的其中一集里，妈妈们集体现身，这一集她们的任务是为丈夫和孩子亲手做一顿早餐。

　　应采儿恭恭敬敬地把早餐递给陈小春，对老公说："你的早餐，请享用。"陈小春一边吃着饺子，一边和应采儿说话。应采儿问老公："你见过我做早餐吗？"陈小春想了想说："有啊，今天的蛋饼……"应采儿笑了，说："那个不是我做的，只有馒头是我做的，但是这个饺子是最好吃的。"陈小春二话不说就放下了筷子，自信地拿起应采儿做的馒头，说："嗯，我觉得这个最好吃。"搞笑的是，他刚说完，咬下第一口就忍不住皱起眉头，直接吐了出来，在一旁的应采儿顿时就笑翻了，笑着说："没有熟！"

　　看着老婆在一旁嘻嘻哈哈笑个不停的样子，陈小春没有抱怨，也没有吐槽老婆的厨艺，而是可怜兮兮地说了一句"吃不完了"。最后应采儿转身对着镜头说了一句话："你看，不用做，老公也很满意，做老婆用的是脑，OK？"在一旁吃饭的陈小春笑得很无奈，但是笑容中带着宠溺。我看了这一幕以后发自内心地笑了起来，实在太甜了。我想，做一个像应采儿这样在婚姻里任性、开朗、大大咧咧的女人，真的很幸福，她的背后一直都有一个宠着她的男人。陈小春在圈里不算是脾气好的人，却把所有的温柔都给了她。

我想起了当年演唱会上的陈小春，他全程板着脸唱《相依为命》，万年严肃的他直到看见台下手舞足蹈、不停闹腾的应采儿，才露出了腼腆的微笑。过了几秒，当他再次忍不住将视线转向应采儿的时候，他发现此时的她正像孩子一样，向自己霸气地比画爱心。这一刻的陈小春不自觉地嘴角上扬，我想此时的他是幸福的。就像他曾经向媒体说过的一句话，他这辈子绝对不会离开应采儿。一个男人深爱一个女人，大概就是这样了。无论她怎么"作"，怎么闹腾，但你还是觉得从拥有她的这一刻起就是幸福的，你甚至会觉得此生娶到了她就是圆满。你会爱她的缺点更甚于爱她的优点，你会因每天早上睁开眼就看见她而感到无比满足和开心，因为男人的宠爱大多都是基于爱。因为爱，所以每个眼神、每个笑容都是最长情的告白。

　　每当我们觉得找不到爱情的时候，我们总是会劝自己和身边的人再等等，因为感情本身就是一件宁缺毋滥的事。你可以把将就着跟一个人在一起勉强说是爱，但幸福往往是伪装不了的，一段勉强的关系会磨掉一个人的美好和活力，最后耗尽彼此所有的爱与能量。

　　一段美好的婚姻或爱情是会让人幸福的，而且是没有期限的。一个爱你的男人，他会时时刻刻地把你宠成孩子。即使他当了爸爸，和你度过了"七年之痒"，他还是会一如既往地爱你。我相信陈小春和应采儿就是这样的爱情，他们之间的爱从不需要秀，因为他们的日常就是最自然流露的爱，这样的爱情才是一个女人一生应该追求的。

　　余生很长，不要让自己将就，不要让自己委屈，只有找到那个看到你所有的闪光点、眼里只有你的男人，才值得你托付终生，才值得你为他付出所有的青春年华。如果他还没有出现，请给自己一点时间，等等，再等等。

冷暴力是一种被忽视的虐待

前段时间，我在网上看到一个女网友的帖子，她说前男友找她询问另一个人的事情，两人间的手机短信被老公发现了。她老公觉得心里非常别扭，认为她跟前男友一定有什么不清不楚，总要她解释清楚，她已经尽可能地说明了情况，但老公还是不相信她的说法。在此之后，她老公就开始减少和她的交流。她做好了早餐，他当作没看见，下班回家也回避她的视线。她问他话，他能不吭声就不吭声，晚上睡觉甚至跑到书房去，把她关在房门外。她有一种严重被孤立的感觉，惴惴不安。一开始她小心翼翼地讨好老公，但是她老公好像完全当她透明。她能感受到老公是故意不理睬自己的，她开始自卑、失落，为自己的行为感到自责，在深夜里写了一段又一段文字袒露心声，然后发给老公，老公却一个字也不回复。她开始崩溃，觉得这个男人实在是太刀枪不入，自己也没有做错什么事，却要承受这么痛苦的精神折磨。老公的漠视和冷淡，像刀子一样划伤了她。

很显然，这位女网友的老公的行为就是我们所说的冷暴力。"冷暴力"这个词是近几年才渐渐为我们所了解的，百度上对冷暴力的解释是：冷暴力是暴力的一种，其表现形式多为通过冷淡、轻视、放任、疏远和漠不关心，致使他人精神上和心理上受到侵犯和伤害。冷暴力主要有两种情况：一是家庭冷暴力，二是职场冷暴力，实际上都是一种精神虐待。

一般来说，家庭冷暴力发生的概率会比职场冷暴力更高。就像这位女网友的老公，他就是在用冷暴力行为对妻子进行他认为的惩罚。他故意不关心她，不和她进行语言和情感的沟通，剥夺她被尊重的权利，让她深陷痛苦。他自己获得了一种报复的快感，却没有想到这样的冷暴力会伤害到彼此的情感。冷暴力反映出来的其实是一种不成熟的心理防御，通过自我封闭去拒绝亲密爱人的接近，通过冰冷去打击对方的感情，同时也让对方深受其害。

我有个同学，她老公就是一个喜欢在家里使用冷暴力的人。不管老婆孩子有什么需求，只要他自己心情不好或者他不想被打扰的时候，他就关上门，自己待在房间里，除了吃饭，可以一天不出来，甚至孩子想找他陪自己玩，也会被他赶出来，更不用说跟老婆沟通了。有时候，我同学要出去办事，她老公会要求她把孩子也带出去，理由是"孩子会吵着他"。她不止一次跟我诉说过这种婚姻有多令人绝望。她和老公两个人长期没有沟通，任何事情她都不能指望老公关心自己或者帮忙，甚至连孩子他也不想理；现在孩子慢慢长大了，开始感觉到家里的气氛很奇怪，经常小心翼翼的，怕爸爸不喜欢自己。所以说，家庭的冷暴力伤害的不只是伴侣，还有无辜的孩子。

有句话说，再恩爱的夫妻一生中都有100次想离婚的念头和50次想掐死对方的冲动。这句话说出了婚姻的真相。在亲密关系里，矛盾冲突遍布在生活的每个角落。日常生活中的琐碎冲突多了，解决问题就显得特别重要。一个人采用什么样的方式来沟通才能化解冲突，平息愤怒，恢复平静，主要看他的态度是否积极，对亲密关系是否负责。在事态僵持不下的时候，有的人会直接采用冷暴力来拖延，然而这是让对方最寒心的解决方式，因为婚姻里最怕的就是连沟通的念头都没有了。

在过去，很多在家庭中遭受了冷暴力的人，尤其是女性，大多选择了沉默和忍受，因为不论是外界还是身边的人，都会觉得"他不就是不跟你说话吗"或者"两个人过日子哪里天天有那么多沟通"。在很多人的眼里，只要对方没有动手，就算不得大事，更不值得为这个问题去纠结。但是，我们应该正视这个"隐形杀手"，冷暴力跟暴力同样恶劣，它对受害方的伤害也是无法形容的。

如果你的婚姻中也经常有冷暴力的问题，请重视，不要以为忍一忍就过去了。要知道，对于喜欢在家庭关系中实施冷暴力的人，你的忍耐和沉默都是在鼓励他继续这一行为，让你感到痛苦和向他不断示好正是他的目的。

请记住，真正爱你的人不会喜欢看你伤心难过的样子；不管有任何问题，只有沟通才是解决的办法。面对一个连沟通都拒绝的人，你唯一的选择就是，保护自己，逃离冷暴力的禁锢。

爱的时候用心，分的时候用脑

　　前几年，娱乐圈闹得沸沸扬扬的新闻是张雨绮和王全安离婚，这是张雨绮的第一段婚姻。这对因电影《白鹿原》走到一起的夫妻，在王全安出轨风波过后，终于分道扬镳。大家觉得解气之余又忍不住同情张雨绮，那么性感风情的女人，放着那么多高富帅不挑，挑了这个"中年油腻男"，而他居然还出轨了！一时间，王全安成了渣男的代表，而张雨绮成了最被同情的女人。

　　本来剧情的走向可能是离婚后张雨绮一直无法走出老公出轨的阴影，憔悴伤心，深夜约友人谈心之类的，但现实中的剧情走向完全不是这么回事。从离婚的消息传出开始，即使最八卦的娱乐媒体，也没有拍到过一张张雨绮憔悴失落的样子，我们时不时看到的是她在健身房挥汗如雨的性感照片。再往后，她拍电影、参加综艺节目，虽然疑似打针过度，脸有点浮肿，但她的阳光活泼一点没变，她还是那个妩媚动人的山东女孩。

后来张雨绮上了《吐槽大会》。在节目里，她被各种怼，然后她又霸气地怼回去，唯独面对王岳伦质疑她挑男人的眼光时，她有点没底气地说："我承认，我看男人的眼光确实不行。"这种直接、真实，让人一下子对她改观，原来她不只漂亮，她还懂得一件事，那就是接受事实。这个霸气的狮子座女孩，爱起来不顾一切，哪怕全世界都质疑她，她还是要嫁。待爱情的面纱被揭去，渣男的真面目露出，即使全世界都替她不值，她也无所谓。既然爱错了，那就分开，祝你好，祝我安。想同情她的人，发现她根本不需要同情。

生活中有很多女人最终还是选择嫁给了爱自己多一点的男人，是否幸福，如人饮水，冷暖自知，每个人的心中都有一把衡量的杆秤。可我觉得真正的爱是不痛苦的。有人说失去爱是痛苦的，可痛苦的并不是爱本身，让我们痛苦的是控制，是索取，是恐惧，是愤怒，还有怨恨。在亲密关系中，我们总是希望对方疼爱我们，让我们快乐、幸福，获得更多的安全感。如果我们遇到这样一个人，就是幸运，如果没有遇到，那就是我们的命。可很多人偏偏不认命，于是求不得，怨憎苦。而人最愚蠢的地方就是在该走心的时候用脑算计，该用脑分析的时候却动用本已受伤的心。

举个例子吧。当我们在爱的时候，因为闹情绪，针大点的事儿都要闹得不可罢休；见不到爱人就开始胡思乱想，设想各种出轨吵架的画面；一旦想法成为事实，缘分耗尽，爱已远离的时候，就又开始动心，各种哭闹，不舍分离，结果闹到情意散尽，甚至今生终为陌路人。这又何苦？

如果是因为爱而走在一起，那就好好珍惜相爱的缘分，这不需要花一分钱，只需用心。如果真的缘分已尽，分开的时候就理性一点，让自己从痛苦中走出来。或许这段情感经历反而帮助我们增长了智慧，毕竟彼此爱过了。互道珍重，互相祝福，善待他人也是善待自己，重新开启美好的人生，千万不要患得患失，伤了别人，也伤了自己。

你做的一切都是为了得到
别人的认可吗?

前几天,我看到一个帖子,发帖的是一个女孩。她是教育专业的研究生,毕业之后,她没有去父母想她去的学校工作,也拒绝了一些看上去不错的单位的邀请,而是选择了自己喜欢的幼教,成为一名幼儿园老师。这件事情本身并没有什么特别,但重点是女孩选择了这个职业后家人的反应。她父母觉得辛辛苦苦培养出一个研究生女儿,放着好好的学校不去,非要去当幼儿园老师,这让他们很没面子,感觉多年的培养全白费了。其他亲戚更是冷嘲热讽,女孩的阿姨动不动就拿自己当大学老师的女儿来跟她对比,一口一句:"爸妈把你养这么大,读这么多书,就是去教幼儿园小孩,真没出息!"

女孩本来对自己的职业选择很开心，因为那是她真正想做而且觉得有意义的事，但各种嘲讽实在太多了，连父母也不理解，她开始觉得自己是不是真的做错了。"他们都是我的亲人，如果我做的真的是对的，他们为什么要这样让我难受呢？"女孩的语气听上去十分彷徨。

其实女孩的处境我们每个人都经历过，自己认为值得去做的事，身边的人却不认可，甚至反对，而且反对的声音占了大多数，于是我们跃跃欲试的心被压制了。因为我们都需要别人的认可和赞同，所以我们就选择去做别人认为对的事。大部分人都这样，不是吗？

我想到一个小故事。有一天雨后，一个小男孩在小路上发现了一只蜗牛，他蹲下来捡起它，轻轻地放入了草丛中。"嘿，别乱跑。"奶奶喊他。小男孩扬起小脸，兴高采烈地说："奶奶，奶奶，我在救蜗牛，它在马路中间爬可危险了，我就把它给送回家了。"奶奶觉得很无趣："宝贝，你救了蜗牛，可蜗牛知道你救了它吗？"小男孩想了想，说："嗯，它一定不知道。"奶奶说："那你这好事不是白做了吗？谁会知道你救了一只蜗牛啊？"男孩说："我自己知道就行了，我救了一只蜗牛，我很开心。"

在孩子的认知里，做好事不是为了让别人知道，甚至受助者都不必知道，自己知道就够了，因为他所做的每件事情都让自己感受到存在的价值，也使他更加确信自己是一个善良的人，这符合他对自己的期待，他会因此更加认可自己，并且为此感到快乐。这应该就是他们做一些事情最大的意义，也是最原始的初衷。

但现实中，我们大多数人都在扮演故事中奶奶的角色。成年人的世界，是非价值都有一个功利的标准，该不该做，值不值得做，很多时候取决于别人是否赞同，是否领你的情，是否认可你的好。我们怀有太强烈的功利心，并因此扭曲了自己的行为。去帮助一个人，我们总会隐隐期望对方能够感恩，并给我们力所能及的回报，哪怕只是一句谢谢，或者是其他人知道这件事后给予的肯定和赞美。若得不到这样的好处，我们就不那么愿意做一些比较积极正面的事情。

其实，做一件事，让身边的人认可、赞同，固然有意义，但远远没有我们自己知道这样做是对的、知道自己的选择是对的来得有价值，因为我们活着归根到底是为自己，而不是为别人，他人的赞美和认可最终的意义无非是让我们更加认可自己。人最大的幸福就是真心认可自己，否则就算全世界都赞颂你，你的内心也会觉得自己做了很多不应该的事，依然不会快乐。

很多哲学家都认为世界只是一个虚假的表象，我们内心的感受才最真实，我想这真的是有深刻道理的。有一个女人，40年前读小学时，因为太饿，她偷了好友的1毛钱去买吃的。当年的1毛钱不算少，至少能买一碗面。好友发现钱丢了之后，一边哭一边找，一直没有找到，非常伤心。那情景一直印在了女人的脑海中，久久不能忘记。后来，她们毕业了，也就失去了联系。40年后，那个女人辗转找到了当年的那个好友，专程过去找她，并拿了1万块钱给她，说："你一定要收下这个钱，因为当年的过错我的心一直受着折磨。"

其实好友早已经忘了自己曾丢过1毛钱，但是那个女人忘不了，并且一直为此良心不安，深受折磨。她千辛万苦找到那位朋友，并奉上1万块钱，只是为了求得对方的原谅来获得内心的解脱。其实很多人都有过这种经历，做了一些不好的事，即使当事人不知道，也不会来怪罪你，但是你无法释怀，无法原谅自己。因此，很多时候，我们做一些选择，做一些自己认为对的事，最

大的奖励就是我们灵魂得到的快乐而不是来自他人的褒奖。真正
的利己就是应该尽力去做自己觉得正确的事情，不管能不能获得
客观上的好处。

我们生来就希望获得认可，我们学习、工作、奋斗，毕生
都在追求认同和赞扬，可我们常常忘了问自己这些到底能否给自
己带来快乐，甚至忘了来自自己的那份认可。你救了一只蜗牛，
蜗牛并不感激，别人也不知道，但是你知道自己拯救过一个生
命，也知道自己的存在价值，这就足够了。

所有的将就，都是浪费光阴

　　有一回我去修指甲，在店员的推荐下，我尝试了人生第一次种睫毛。美甲店漂亮的小姑娘眨着睫毛长长的大眼睛跟我说："姐，现在种睫毛的技术很先进，一个小时弄完，之后一两个月都可以不用化妆了！"一听到可以不用化妆，我想每天能省多少时间啊，那就体验下吧！结果，确实只花了一个多小时，但过程实在是不舒服。我的睫毛被胶布分别固定在上下眼皮上，小姑娘拿着镊子把假睫毛一根根往眼皮上粘，中间几次我差点想走人。但是想着忍完这一个多小时就可以变得美美的，我还是坚持了下来。

　　做完之后，我对着镜子，发现睫毛长长翘翘的，眼睛确实比化妆还有神，心里暗想怎么就没早发现这么好用的神器。可是没想到，麻烦在后面。种完的假睫毛比较硬，我一开始不适应，感觉眼皮抬起来都有点困难，睡觉也不舒服。更麻烦的是，洗脸非常不方便，绝对不能用手去揉搓眼睛，稍不留意就会碰到假睫毛，而一碰就会弄掉几根，这让平时洗脸动作比较粗暴的我非常苦恼。

折腾了一天，我坐立不安，本来想着好看，结果却给自己找了个麻烦。第二天，我一起床就直奔美甲店，跟店员说要卸了它。还是那个小姑娘接待我，她惊讶地说："姐，这可是现在最贵的睫毛种植技术了，您这才过了一夜就卸了它，太浪费钱了！"我说"不，立刻，马上，把它从我的眼睛上清除掉，因为我不喜欢的，我一刻也不能够将就。这和钱有关系，可是更和我自己舒不舒服有关系。"

其实，这样的事每天都会在我们的生活中发生。很多人，尤其女人，出于各种心理，会凑合着接受一件不太喜欢但价格很低的物品，打折的时候欢天喜地，可买回家发现根本用不上；恋爱结婚吧，也将就着接受一个人，懒得再费心去寻找或者等待真正适合自己的那个人，甚至连自己的人生都想着过一天是一天，懒得思考自己这一生究竟想要过怎样的生活。这种状态，可能就是大多数人的现状，这样的心理，也是大部分人的想法，或者即使你不这样想，朋友或父母也会劝你，将就一下就好了，将就一下就过去了。

在做电台节目的过程中，我经常遇到听众跟我说："维娜，我想离婚，可是我有孩子怎么办呢？我也没有和谐的两性生活，可是如果离婚我没有办法跟这一大家子交代啊！只能将就着过，我不想，可也没有别的选择。"没错，只要你肯将就，日子当然可以过。但事实是，你将就了一件物品、一个人、一段时间，然后你再将就了一段不合适的婚姻、一份不合适的工作、一种不那么开心的生活，最后你发现，你的整个人生都是在将就中度过的。按现代人的正常寿命计算，一个人平均活70多岁。除去懵懂无知的婴幼儿时期和行动不便的老年时期，你真正能掌控的生命可能不到60年。因此，你还有什么理由让自己这几十年的光阴就这样熬着和将就着过去呢？

我大学有一个室友姐妹，那个姑娘对生活从来不将就。当我们一帮女孩子还在热衷于吃麻辣烫、穿几十块钱地摊货时，她早早就开始注重生活品质，愿意花十件衣服的钱买一件自己心仪的衣服；当大家都还在随便买内衣裤的时候，她会凑几个月的零用钱去买一套黛安芬；当同宿舍的姐妹都有了男朋友的时候，她却仍然孤身一人，因为她说找不到心中的Mr. Right就宁可单着。她最喜欢说一句话：要耐得住寂寞，才守得住繁华。虽然当时很多男生追求她，但她从来没有被这些迷过眼，也没有动过心。她明白自己要什么，一心直奔目标，这样的姑娘可能让当年傻白甜的我们觉得势利、心机，但几十年后她有了自己喜欢的事业，懂她、爱她的老公，还有三个可爱乖巧的孩子。与一帮还在为婚姻和工作焦头烂额的同龄人相比，她的人生可以算是开了挂。

在不将就这条路上走得最决绝的女人，可能要数永远的女神安吉丽娜·朱莉了。2005年，她与帅哥皮特因电影《史密斯夫妇》相恋。尽管当时皮特还是别人的老公，但他们两个人的爱情还是惊天动地。后来皮特离婚，他们终于在一起，生了三个孩子，一直到2014年才领了证。

全世界都以为这两个人终于安定下来，打算白头偕老了，不料两年之后就爆出了他们离婚的消息。而离婚的原因，媒体的报道不一：有的说是因为朱莉对皮特抚养孩子的方式非常不满；有的说是因为朱莉控制欲太强，皮特无法忍受；还有一种说法是朱莉认为自己的价值观与皮特已经有太大的不同，她已经厌倦了娱乐圈这种声色犬马的生活，想追求更有价值的人生，而老公还沉浸在名利场中不能自拔，这是她不能忍受的。就朱莉的性格而言，我更相信最后一种说法。

这个女人，知道自己患卵巢癌和乳腺癌的概率极高，在两年时间内毅然切除了卵巢和乳腺，用一种让全世界惊讶的方式表明了自己的态度；拥有了全世界女人都羡慕的男神老公，却从来没有放弃自己内心的追求；尽管已经在好莱坞功成名就，她依然为了热爱的慈善事业四处奔走，将大部分时间和精力花在慈善上。对于她来说，"可以"和"过得去"显然不在她的人生字典上，她的人生只有"想要的"和"不想要的"，想要的就去争取，不想要的就从生命中去掉，这个选择似乎并不需要纠结。

很多人活了一辈子，也将就了一辈子，将就着找份工作，将就着谈场恋爱，将就着结了婚，将就着生了孩子，到头来看到曾经的小伙伴中最任性、最挑剔的那个谁活得比自己开心也比自己成功，就埋怨是自己运气不好，工作没找好，嫁人没嫁对。总之，她认为自己选了跟别人一样的路，怎么会有错呢？

其实，只要自己觉得舒服，选什么路都没错。你选了一条看似很省事的路，走到一半发现路上暗坑遍布甚至是个死胡同，回头却发现别人选的崎岖小道一路鸟语花香，如果这时你突然觉得自己选错了路，甚至后悔自己当初的决定，那么这才是最大的悲哀。

亲爱的，其实你不用那么懂事

有很多女人活到三四十岁都还一直很坚硬、顽固，从不肯跟人示弱，更不知道撒娇为何物，最明显的就是职场上被大家称为"女汉子"的女人。我曾经也是这样，总觉得撒娇的女人应该是那种长发披肩、柔柔弱弱的，而像我们这样的女人，风风火火的，什么事都能把它做好，自己好像可以搞定所有的事，怎么好意思撒娇呢？可后来，发生了一件事情让我改变了看法。

那天我和一个女性朋友聊天，我问她："你老公是怎么追上你的？"她说："好像没有做什么特别的事情，就是在一起相处很舒服，顺其自然就在一起了。"我继续问她："那你老公有没有说什么让你特别触动的话呢？比如，在哪个瞬间特别让你动心，想和他在一起？"她想了一下，说："你也知道我们这种要强的女人很少提要求，其实也不是心里没有要求，只是从来不说。有一次他要出差，然后问我，会不会觉得他老是没有时间陪我，我会很不开心。其实我心里挺不开心的，但还是高高兴兴地和他说，没事啊。他看了我一会儿，然后说，其实你不用那么懂事，有时候任性点也挺好的。那句话说完，我差点哭了。我觉得可能就是那时候心里有一种感觉：差不多，就这个人了。因为他是我接触过的所有男人中第一个告诉我'没关系，你不用那么懂事'的人，也是第一个在我们相处中一直在鼓励我向他撒娇，跟他提要求的人。他说的这些话真实而暖心。"

所以我们往往会看到，在现实生活中，撒娇的女人最好命。没错，生活中那些软萌的女孩子们总是可以轻而易举地在喜欢的人面前撒娇卖萌，得到更多的宠爱，而很多坚强的"女汉子"只会心怀殷殷期待，却始终沉默，不发一言。面对喜欢的人，明明想要接近却假装不在意，久而久之别人就会以为她真的不在意，即使对方对她也有好感，却因为被她不在意、冷淡的样子吓到，或者积累了太多失望，然后黯然离开。

逞强的女人在大家面前总是看起来状态很好，在工作中表现优异，职场上升职加薪，有一大帮朋友天天交际应酬，但在夜深人静的时候，她们忍不住也会想，为什么就没有人能够让自己依靠一会儿呢？其实在每个"女汉子"的心里都住着一个小女人，她也需要有人关心，有人疼爱，有人能包容她所有的软弱和缺点。所以，女人不要习惯了让外表和内心一样坚硬，以至于忘记原本应该属于女人的温柔。要相信，茫茫人海中你也会遇到那个人，能够让你放下坚硬的盔甲，展现自己温柔的软肋。

我们为什么需要仪式感？

有一次我看综艺节目，邓超在接受采访，他说，有一年的结婚纪念日，自己早早在餐厅订好了座位，准备和孙俪好好庆祝一番。出门前他提出："我们捯饬一下吧。"孙俪以为他在开玩笑，毕竟也结婚几年了，早已过了一顿饭也能吃出温柔缱绻的浪漫阶段。于是她随便穿了一件衣服打算出门，结果邓超不乐意了，说："你这样太不尊重我了，今天是属于我们的节日，为什么不能捯饬呢？"在丈夫的坚持下，孙俪换上了小礼服，穿上了高跟鞋，两个人手挽手去吃了一顿饭，过了一个浪漫的结婚纪念日。

邓超和孙俪可以算是所有人眼中的模范夫妻了，但看起来，明星夫妻也会有跟普通人同样的问题：结婚多年，老夫老妻，每天就是柴米油盐、孩子老人，在这样的日子里，还需要那么庄重地、仪式化地去做一件事吗？

　　一个女作家跟我说过，越是持久的婚姻越需要仪式感，在特定的日子和特定的人去完成一件程序化、色彩浓厚的事情，就仿佛给婚姻过了一个年，让双方对一年一度的这个日子有了期盼和期待。

　　在西方，大部分夫妻都会非常重视结婚纪念日等重要日子，他们在当天都会精心给对方准备礼物，但是这种仪式感经常被大部分的中国人视为矫情。在他们看来，都知根知底的两个人，还要送花、穿戴隆重地去吃个饭，简直就是有毛病。我记得小时候，每到一些重要的日子，我爸总是会提出带我妈出去吃饭，而我妈的回答总是："为什么要出去吃？为什么要浪费这个钱？"每当这时，我爸的神情都会很失落。时间长了，他再也不提出去吃饭，也不再买礼物给我妈，两个人的生活真的就过成了柴米油盐。想必这样的夫妻在生活中有很多吧！

　　许多人结了婚就喜欢在爱情里偷个懒，打个盹，似乎对方不再值得被自己用心对待了。一句老夫老妻也无非是为自己的漫不经心找借口。不需要浪漫的并不是老夫老妻，而是那些对婚姻不再敬畏、不再珍视的人。

　　结婚纪念日、生日、节庆日，说到底，这些日子的存在都是为了提醒我们暂时放下手边的一切杂事，把心思放在最亲密的人身上，以他们能感觉到的形式去关心他们，向他们表示我们的爱，所以这些日子的存在是有意义的。这个意义值得我们用庄重、华丽甚至复杂的仪式去表达，只有这样，我们才会记住这一刻。可惜的是，很多人结了婚却忘记了婚姻的意义，所以我们的婚礼慢慢变成了"摆结婚酒"；既然是酒，喝了总要醒，酒后的话也可以忘了，所以我们的婚姻真的就成了"过日子"，只求能过，酸甜苦辣都无所谓。

"汉语拼音之父"周有光到了晚年依旧会和妻子寻乐子。他们在上午十点来一道茶，下午三四点则上一杯咖啡，喝的时候还要把杯子高高地举起碰一下，举、起、敬、收，非常有趣也很有爱，所以他们能够幸福安乐地相守70多年。

我想鲜花、巧克力都只是浪漫的外在形式，它们的本质也不过是用情和用心，就像我们炒一盘菜，主料、配料都齐了，也还需要盐、油、酱、醋，甚至花椒和大料。有人说，婚后居家过日子，柴米油盐一起涌过来，孩子、老人、房子、工作，每件事都让人心力交瘁，哪里还有什么闲心去风花雪月？可正因为生活是一地鸡毛，才更需要一些激情来提神醒脑。与其在外寻寻觅觅，不如把对方变成知己和情人，因为爱情的存在才是婚姻真正的保鲜剂。

你的婚姻是否正在遭受冷暴力？

　　之前我在网上看到一个帖子，一档情感类真人秀节目里面一个女嘉宾在跟大家诉说结婚10年的苦。她说，她被同事背后"捅刀"，然后不得已辞职了。以这种方式辞职心情自然不好，简直可以用心里一片漆黑来形容。回到家，她就跟她老公吐槽，希望老公多少安慰下自己。但她老公的反应出乎她的意料，她形容她老公当时是一脸的嫌弃，然后给了她一句话："还不是因为你自己蠢！"她说当时她切着菜，听到这句话，眼泪哗哗就往下掉，恨不得用这把刀砍人。她说："败在职场上我无话可说，但是最亲密的人的冷言冷语真的让我非常难过。"

　　她又说，前几天他们跟朋友几家人一起出去玩，路上要翻过一堵很高的墙，别人的老公都是自己先翻过去然后来拉老婆，可她老公自己飞身越过墙之后就大摇大摆地走了。她穿着裙子，穿着高跟鞋，在后面喊"老公，来拉我一把呀"，但她老公好像听不到的样子，越走越远。她只好一边骂着"你这个聋子"，一边把手伸给了别人的老公。说到这儿，她的眼泪不停地流，在场的观众都看不下去了。

其实，她老公不是耳聋，是心聋，因为他的心没有听力了，他接收不到来自另一半的信号，也捕捉不到她的需求，自然就不能给她回应。这种男人，你无助的时候，他不懂得拉你一把，你沮丧的时候，他也不能给你慰藉，甚至当你在外面受气的时候，他还踩你一脚。更可气的是什么？这种老公从来不会认为自己有问题，只是觉得夫妻本该如此，他赚了钱，养了家，他就尽了本分，你别的需要，都是矫情，都是"作"。

后来主持人问她，为什么不跟她老公沟通。女嘉宾说，她已经放弃了跟老公沟通的念头，因为每次把话说出来的时候都被怼了回来，所以更多的话就憋在了心里。她非常清楚，话说出来无非也只能得到一个漠然、冷淡的回应，只会让自己更糟心。她形容说，现在就像跟一块会喘气的石头一起生活，把日子都给过死了。

我真的非常理解她的感受，她的遭遇让我想起了我的一个闺密阿文。阿文是我的大学同学，她的老公是个自私而沉闷的男人。结婚后，阿文既要照顾家庭，又要忙着工作赚钱。她老公学历不高，本事不大，眼光却高得很，没有一份工作能做得长。后来，阿文靠多年积累的人脉开了一家广告公司，她老公自然全职打理。公司所有的业务全靠阿文一人支撑，怀孕8个月还要挤地铁去见客户，她老公却坐在办公室里吹着空调，听着音乐，打打游戏，干干活，一个电话就把阿文支使得团团转。

回到家，老公最多买个菜，然后就关起门来看电视、打游戏，切菜做饭全是阿文的事。阿文说，他们俩的夜晚经常是各过各的。她跟老公难得说一句话，即使她说话老公也不理不睬。后来儿子出生了，她老公情绪好的时候会跟儿子玩一会儿，更多时候是把自己关在房间里，她和儿子都不能打扰。有时候她儿子找爸爸，就会被她老公赶出来。"那么小的孩子，他都不知道自己做错了什么，这种日子真是没法过了！"阿文想起就恨恨地说。阿文的婚姻，跟那位女嘉宾一样，也是过成了死日子。她在这段婚姻里耗尽了氧气，压抑到几乎无法呼吸，连孩子也在遭受冷暴力。

可能很多人不知道，女人在婚姻里通常会比男人有更高的精神需求，没有爱，没有互动，没有情谊的表达，日子自然能过，可那是死日子，久了自然也会把心给过死。如果彼此所期待的情感交流、精神互通全部被扼住，必然会深陷困顿。这真的不是矫情，而是客观存在的真实感受。有些男人可能不明白，在女人一次次欲言又止的背后，堆积了怎样的苦闷、懊丧和压抑，反而觉得对方是吹毛求疵，阴晴不定。于是他们更加想逃避，想变成一块石头，不听、不看、不说。就是因为这样的恶性循环，婚姻才渐渐走向了冷漠和麻木。

这种冷暴力看上去无伤大雅，实际上杀伤力非常强。处在冷暴力中的一方常常会极度压抑和沮丧，对孩子的伤害也尤其大。最可怕的是，冷暴力除了双方当事人，旁人很难察觉，所以遭受冷暴力的一方往往难以得到外界的理解。就像一开始提到的女嘉宾，一旦她提出抱怨和控诉，得到的反应往往是"你要求太多了""你想太多了"。

我想没有人愿意整天面对一张冰冷的脸和一个没有温度的家。息息相关的两个人互相关照、抱团取暖，不正是婚姻的意义吗？生命的相连是双方情投意合的结果，有时候不是时间消磨了爱情，而是在爱情消散的过程中，两个人没有建立起感情的连接。你说的我不听，我要的你不给，于是你怨气冲天，我心烦意乱，虽然在一起，心却渐行渐远。

一桩好的婚姻，除了买个房子，生个孩子，一定还要有彼此精神的交流，这就好像你成功时我给予掌声，我沮丧时你提供慰藉，你低落时我给予陪伴，我害怕时你给予呵护，携手向前，这样的爱才有救。如果一段关系已经深深陷入了冰冷和麻木的泥沼，那就放弃吧，至少你还能温暖自己，因为不论你如何呼喊，对方都将置若罔闻，甚至越走越远。毕竟，不论你如何努力，都无法叫醒一个装睡的人。

女人最大的"作"，就是动不动提分手

有一个听友告诉我，他的女朋友很极端，对他好的时候要十辈子跟他在一起，但转眼之间就能因为一些莫名其妙的小事，要跟他分手，还特别坚决。刚开始他还挺怕的，她一说分手他就会特别紧张，使劲去哄她。到后来他发现分手这件事，就是她控制他的手段。她也并不是真想分，但是不想分还总说，这让他很烦躁，于是他暗暗下决心，想着"早晚有一天我就答应你"。后来那一天真的来了，她提分手，他说"好"，从此彻底分开。听友告诉我，在说出那个"好"字的时候，他觉得特别痛快。

这句话听起来很无情，女人会觉得男人太绝情，但这确实就是大部分男人的心声。你第一次说分手，他可能是懵的，会紧张到不知所措。第二次、第三次他就可能明白这是你的套路，再后来他就免疫了，而且烦了，可能就真的分手了。就算不分，这种行为也会大大地给你们的关系减分，终究有一天，分手会变成事实。

恋爱里最常见的戏，就是女人怒气冲冲地说 "分手吧"，然后潇洒地转身，决然而去，留男人站在原地，完全愣住，或者一脸紧张，马上追上去，拉着女人，千哄万哄，再加深情告白，苦苦相求。女人可能觉得好解气、好过瘾，可男人是什么感受呢？绝大部分男人的感受跟那位听友一样，第一次紧张，第二次小担心，第三次、第四次无所谓，最后，他变成了提分手的那个。

我想大部分女人在不想分手的情况下提分手，无非是想用极端的方式得到更多的爱和安全感。你是想看着他惊慌失措的样子，证明你在他心中有多重要；你想让他以为快要失去你，从而倍加珍惜；你更想用一种坚决的方式表达你对他的不满，促使他以后做得更好。你的想法不算错，但选择的方式错了。

男人对分手的理解跟女人是不同的。如果女人总是一言不合就提分手，他的感受就是你不爱他，不在乎这段关系，你也太冲动，不理性，你太 "作" 了，不管哪一种都会让他产生坏情绪，让他觉得你们的关系脆弱动荡，为你们的前景担忧。人的情绪是会累积的，动不动就提分手的方法真的只会适得其反。如果你真的爱他，就不要轻易说分手，这是经验之谈，也是人之常情。

03

第三章

你的不顺
与生活无关

为什么你越努力越焦虑?

前段时间一个好朋友发信息跟我说,她觉得自己最近变得非常焦虑。她说虽然领导对自己的态度变温和了,工作上也得到了很多同事的肯定,但是这些并不能给她带来成就感,远远不能满足她内心的期待。然后她又去相亲,却备受打击,觉得那些相亲的对象没有一个是自己看得上的。她说:"我那么努力地生活,可为什么还那么焦虑?"

我只想问问她,你觉得自己是那个拔苗助长的人吗?你有没有试着享受给自己的每一天浇水与施肥、等待与期盼呢?其实生活并不是因为那些微妙的"越来越好"而令人欣喜,而是我们自己一步步努力,等待那个美好的结果到来的这个过程让人充满期待。

在我看来,越努力越焦虑的人,是因为只相信努力的力量，而无视时间的力量。人生如此漫长，在起点与终点之间确实隔着很多份努力，我们会迷路，会上升，也会遇到下坡路。再勤奋、再好运的人也需要时间，也需要等待。跑得快的人是等机遇的到来，跑得慢的人则是等状态的到来。无论你付出多少努力，结局都不是急来的，而是等出来的。在这个过程中，你真的需要一个非常好的心态。

我经常对自己说，给自己一点时间，也经常跟别人这么说，可是很多朋友回答：我不行，我不能像你那样，我等不及，我怕来不及了。可是你知道吗？命运永远会公平地在门与窗之间为你留一条路。不论你认为自己错过了什么，其实都会有另一个收获的机会。即使一直在奔跑的人，他们的人生又何尝没有任何"错过"呢？他们错过了孩子的成长，错过了与父母的相处，错过了美丽的风景，错过了很多应该享受的当下……所以你不要问我，如何去赚得自己的第一桶金，如何去寻找共度一生的人。在我的心里，只想在当下做自己想做的事，爱自己想爱的人，住在自己喜欢的城市里，因为我觉得没有任何一个决定会定格我的一生。

即使今天我们已经30岁、40岁，或者50岁，那又怎样？很多人，尤其是女人，觉得衰老是很可怕的，但是很少有人明白，每个年龄段的经历你都只能拥有一次，你人生的每一刻都是非常美好的。看清这一点的时候，你会明白，任何时候都不会晚。

我的人生信条就是珍惜自己的心态，相信自己的心态胜过任何的机遇与选择。在最困难的时候，我都对自己说："一定可以过去，并且会越来越好。"这句话从我记事到今天一直陪伴着我。我觉得只要自己还活着，真的没有什么是过不去的。

我们所处的这个社会，节奏太快，大家都过着打鸡血的生活，从小被灌输的信条就是"不能输在起跑线上"，各种"鸡汤"也都是关于如何努力、如何拼搏。如果你还不为所动，那父母、老师、上司，或者七大姑、八大姨也会来告诉你，那谁家的孩子已经买了房、买了车、出了国，你还好意思窝在出租房里，拿着3000块钱的工资还觉得自己很不错？

可是，我想说，住出租房跟觉得自己不错有什么矛盾呢？拿3000块工资的人为什么就不能感到开心幸福呢？很多时候，你焦虑，你困扰，并不是因为你自己觉得过得不好，而是别人觉得你不好，别人觉得你穷，别人觉得你丑，别人觉得你目标不够远大……可是，当你过成别人觉得好的样子，就真的好了吗？当你成了别人眼里的白富美或者高富帅，就打心里感到幸福了吗？

然而，你还是焦虑。

你问我，怎样才能不焦虑？

　　首先，问问你自己，什么能让自己开心？是挣钱，是升职，是享受美食，还是享受一段浪漫的爱情？不要被"鸡汤"和励志书影响，诚实地回答自己，如果这一点都做不到，那你焦虑是活该。如果可以，尽量创造条件去做能让自己开心的事。不论外界告诉我们该做什么，只有遵从自己的内心，才能得到快乐。快乐是最真实的感受，生命中如果没有快乐，人就容易焦虑。

　　最重要的一点是，告诉自己，也许这辈子你不会比别人富有，不会比别人好看，也不会比别人成功，但是你会很有爱，会遇到一个真正爱你而且你也爱的人，会去不同的地方旅行，会做很好吃的美食跟朋友和家人一起分享，会有健康的身体……接受这样的自己，平凡而真实，你会发现，你再也不需要在意别人对自己的评判。

　　最后，你需要明白，人生真的不是你努力就一定能到达顶峰，也不是努力就能得到想要的一切。四季轮回，有些树要坚持几个春秋才能结果。尝试一次不期待任何结果的付出，你就会明白，生命的这个过程本身就是回报。

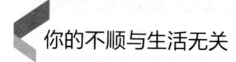

你的不顺与生活无关

前段时间在电台听蒋勋讲《红楼梦》，他讲了《红楼梦》中的几个主要人物，对他们的性格以及命运一一进行了分析。其实，一开始我对史湘云这个人物是没有太多特别感觉的，直到后来重读《红楼梦》，才发现原来她和林黛玉是两个对比鲜明的人物。

林黛玉和史湘云同样是家人早逝，寄人篱下，结局却大相径庭。林黛玉从一进贾府开始便处处敏感，唯恐自己被人轻看，稍有不如意就以泪洗面，整天钻牛角尖，终究落了个多愁多病的身体，最后心上人另娶他人，自己也含恨而终。而史湘云恰恰相反，她天真憨厚，为人和气，不敏感、不多疑，跟众姐妹都相处得很好，不在小事上细究，结局虽无完美的婚姻，但也未有大难。

如果要选《红楼梦》中最受欢迎的女子，想必林黛玉绝对不是前三名。但现实生活中，我们都曾扮演过林黛玉的角色。本是没有什么大不了的小事，我们却偏偏认为天要塌了，全世界只有自己最惨，心生怨气，自怨自艾，未曾积极应对，就感叹事与愿违，稍有挫折波澜，就颇感不幸。如果你经常有这种感觉，那么可能一团糟的真的不是生活的本身，而是你自己。

困境到来时，有些人喜欢逃避，可是不如意之事十有八九，如果能够避开，是否就能说是一帆风顺呢？我想当你选择逃避时，下一个麻烦也一定会迎面而来，杀你个措手不及。所以面对逆境，越是蜷缩在逃避的圈子里，就注定越走越窄。逃避困难、恐惧要承担的后果恰恰就是悲剧循环的根源。

没有谁的生活会一帆风顺，也没有谁的生活会事事如意。我觉得真正的顺心不过是超越生活痛苦层面的积极的心态，所以我们经常看到的是苦尽甘来，越平和温润的人，越是经历过种种磨难。只有经历过所有的艰难后，你才会明白什么是珍贵的，才会学着接受一切意料之外的安排。

有句古话叫作境由心造。顺境、逆境，不在于外在的变化，而是在于我们内心的态度，心顺了，事情也就顺了。人们常说："爱笑的女人运气都不会差。"其实爱笑也是心态的一种反映，只有乐观、豁达的人才会经常有笑容，也就是我们说的"阳光"。一个内心充满阳光的人，是非常有感染力的，这样的人，不仅自己能积极面对生活中的一切问题，还能让身边的人相信没有什么事是解决不了的。

我们左右不了命运，所以我们只能学着善待自己，迎难而上，不畏惧、不逃避，更不应浪费时间去抱怨命运的不公。仔细想想，我们所遇到的事情就像入口的米粒、下酒的小菜，不论滋味如何，也都是生活的味道。而我们经历过的每一次困难和不顺，都是多年后的下酒菜，也是让自己变强大的资本。

关系决定着你的一切

我们的生命其实就是各种关系的总和。我们每一个人都没有办法离开关系而独立存在，只有处理好生命中的各种关系，才能活出完整的生命。

首先是与自己的关系。当我们能够接受自己的一切，好的与不好的，美的与不美的，与自己成为好朋友，爱自己，接纳自己，懂得自己，才是与自己建立了一段和谐的关系。与自己相处的时候觉得很舒服，这就是我们每一个生命最重要的目的。

其次是我们与父母的关系。这是我们在这个世界上最基础的关系，也是我们人生中的第一份关系，它决定和影响着我们的未来。可以说，我们与父母之间的关系是一生中最复杂的，也是最不可逃避的，直接影响着我们与其他的人或者事物的关系。如果我们与父母的关系和顺，我们的事业、家庭就容易和顺，反之，我们会陷入无数无法理解的困难与挫折中。

很多人因为家庭关系不和睦，父母感情不好，从小就没有得到足够的爱和安全感。这类人，在成年之后，往往容易出现各种人际交往上的问题，比如无法融入群体或者无法在一段关系中得到安全感。而这些问题，很可能会影响他们今后与另一半以及和子女相处，这又陷入了另外一个恶性循环。

亲密关系是人一生中另一段非常重要的关系，因为它是我们与父母关系的投射。有很多人在父母身边感受不到爱与接纳，就转身去亲密关系中寻找。因此两个人的爱情常常会成为我们以爱的名义进行的情感交易。我爱你是因为我想要你爱我，我们在另一半的身上投射了很多的希望和幻想，而那些希望和幻想其实是我们在之前的关系中所缺少的、自己无法达成的，或者感觉自己没有被满足的，然后转而投射到爱人的身上，希望他们来满足自己。但也许对方往往也跟我们一样，他们也想在我们的身上寻找他们缺失的东西——爱，所以在这样的关系中，双方很容易累积失望和抱怨。

很多人的体会是，刚开始一段恋情时，双方都会把自己最好的一面呈现给对方，尽量满足对方所有的需求。这个时期，其实双方看到的都不是真实的彼此。只要这种关系持续一段时间，各自的伪装就会很快地卸下，而陌生的真实感则会很快地显现，很多亲密关系都是这样的模式。但是如果我们真的能够看清自己在亲密关系中的心理，并且真正对自己的内在进行探索，那么两个人的关系就会真的开始朝着美好的方向发展。这种亲密关系就会成为我们成长的助力，之后我们就不会一味地苛责、要求和依赖亲密关系，这种关系也就开始朝着类似于友谊的方向发展。因为真正的友谊就是全然的接纳，接纳对方成为他自己，我也自在地做我自己，像两棵树一样，既彼此相信又各自独立，这样的关系，才会走向美好。

如果我们处理好前面所说的三种关系，我们的人生相对来说就变成了一场非常美妙的旅行。很多关系看似与他人有关，实际上都是关乎我们自己的内在。在关系的成长中，我们要经常地去觉知，因为所有事情的发生都有它的意义。当麻烦来的时候，学着去欢迎它们，因为它们让你有了看到自己内在的机会，从而影响你身边的人，影响你生命中所有的关系，最终战胜所有的困难。每一个关系和困难的背后都藏着一份礼物，如果你有足够的勇气去面对的话，你就会越来越接近自己的心，而那些走近你的人们，也会越来越被你的心打动。

　　这是生命中很深的一个层面，它也跟智慧和奥秘相关。如果你能够感受到它，当你开始敞开心扉连接世界，你就会有无限美妙的生命体验。这种体验不仅仅局限于具体事物与头脑层面，更可以扩展到生活的方方面面。你会慢慢地发现，你的生命会真正变得与众不同。

有一种幸福，叫身边没有讨厌的人

　　很久以前我采访过一位老教授，当时他的论文刚获奖，整个人神清气爽，我就问他："您对现在的生活满意吗？"他想了想说："挺好的，身边没有讨厌的人。"这回答把我整懵了。其实我预想他的回答应该是：挺好的，干着喜欢的事业，又小有成绩，衣食无忧，妻贤子孝。这不才是一个人对生活满意的根本吗？我当时觉得老教授没有认真地回答我的问题，以为他在敷衍我，但是直到今天，当我更加地了解生活，我才终于体悟到老教授的智慧。

　　身边没有讨厌的人，这件事的重要性真的超过我们的想象。其实生活就是这样，我们常常会遇到很多的问题，其实都是很小的事情，但一旦涉及日常，就会如鲠在喉，让我们时刻坐立不安。

比如很多人跟自己的婆婆住在一起又相处不好，每天回家半分钟都不愿待在客厅，只想躲在卧室里求个清静；比如在工作中，身边有个自私又强势的同事，不仅当面对你指手画脚，背后还对你说三道四，好像什么问题都是你的错；又比如有个不顾他人的邻居，楼道里全是他家的东西，垃圾随手就扔，你好言提醒他，他反而觉得你在找碴儿，不但不改还变本加厉……这些人，可以简单地归类为讨厌的人。从职场到生活，他们无所不在，看似无害，但会对我们的身心产生极大影响，久而久之，让我们觉得工作、生活样样都不顺心。

人是群居动物，每个人一生中都会遇到很多人，但与什么人为伴常常由不得我们自己选择。一旦身边有这么一个或者几个让你讨厌的人，整天在你的生活里横冲直撞，惹是生非，你摆脱不掉又接纳不了，生活的质量肯定要大打折扣。很多时候，当你被讨厌的人气到，有人就会跟你说，唉，你别理他，他这个人就是这样的。听起来非常简单，可是做起来又谈何容易。而且仔细想想，这话根本就没有道理，为什么他这样就是合理的，为什么这种人影响到了别人就应该被原谅？越想你就会越生气，所以我们的烦恼大概有一半都是因人而起的。

在中国这样的人情社会，人与人之间的影响就更明显。就拿婆媳关系来说，这是一个永远无解的问题。大多数的婆媳无法和平共处，这中间有婆婆的问题，也有媳妇的问题。在媳妇眼里，婆婆就是个讨厌的人，跟自己抢孩子、抢老公，还争夺家里的控制权。本来好好的二人或者三人世界，因为一个婆婆，全变了。但麻烦的是，既不能把婆婆赶出去，又不能自己搬出去，所以时间长了，婆媳就成了仇人。

看看那些相处融洽的婆媳，她们各有各的相处之道，但无一例外的是二人中总有一个特别会做人做事。即使一方一开始有所刁难，但另一方总能巧妙化解。这其中，角色互换去理解对方是最重要的一点。

如果没有人际交往的困扰和负累，我们的生活必然要轻快、顺畅得多。我觉得我们的人生就像旅行，跟谁同行往往比去到哪里更重要。因此很多时候，我们都需要非常努力地去打造一种和美的人际关系，以宽容心、大智慧尽量让自己远离人事的困扰，因为身边没有讨厌的人的确是一件非常幸福的事情。但也正因如此，我们更需要先审视自己。有时候我们不接纳自己不喜欢的人，一看到对方，内心就开始会有各种的评判。其实那时候你应该好好地感受一下，自己为什么会有这种负面情绪，你可以问问自己你所不愿意看到的对方身上的一些表现或者缺点，是不是自己也有。

　　也许我们没有能力改变任何人，但是我们可以改变自己去影响身边的人。除了远离那些让我们产生负能量的人，更多时候，我们要用自己的能量去影响别人，让自己身边没有讨厌的人，多一点可爱的人，毕竟人际关系的目的是要让自己的生活更美好。

是什么毁掉了我们的亲密关系?

　　一对年轻的夫妻结婚刚满一年,就与结婚时的甜蜜恩爱有了天壤之别。女人说,现在两个人在一起就是吵个不停,自己慢慢也失去了信心,觉得不能想象两个人再有个孩子,一想到让孩子在这样鸡飞狗跳的家庭中成长,她就无比恐惧。到底是什么原因让两个之前无比恩爱的人变成这样,以至于无法在同一个空间里生活呢?

　　比如,两个人一起下班回家,女人开着车,路过菜市场没有停车买菜,男人便不高兴了,说冰箱里什么菜都没了,你也不停下来买点菜。女人很生气,说:"要买菜,你也不早点说,都过了路口你才说。"男人开始火冒三丈:"你早上开冰箱拿酸奶难道没有看到吗?怎么啥事都要我一件件告诉你!"女人也丝毫不退让:"是,凭什么你都知道,你跟我嚣张什么?有本事你就像别家男人一样，多挣点钱啊！成天扯鸡毛蒜皮的事儿，算什么本事！"

这样的夫妻吵架是平时最常见的，一开始都是因为小事，但是双方越吵越激动，结果一发不可收拾。就像这对夫妻，吵到后来闹着要离婚，双方父母听说只是因为没有停车买菜，于是赶紧劝和。谁知道，只要大家一提起这件事情，两个人就可以马上吵起来，并很快地上升到人身攻击，最后一家人闹得不可开交。这个小小的例子在我看来，其背后是我们生活中的隐形问题。

从心理学上说，很多时候，人对身边的人挑剔不满，其实是对自己不满的一种投射。因为一般来说，人都不愿意承认是自己的问题，最简单的办法就是把问题归结到别人身上，指责别人当然比指责自己容易多了。当我们觉得自己的人生有较多停滞感出现的时候，最常见的情况就是为了生活中的各种小事争吵不休。越是习惯了这样的生活，我们就越难停下来思考，遇到不顺就图一时的痛快发泄一番，于是一种扭曲的情感便会慢慢形成。在这种扭曲的情感下，我们很难去体谅对方的心情，并且会觉得别人处处跟自己作对，于是产生矛盾。

生活中，我们经常可以看到，两个人明明有感情，也明明没有天大的事，但就是过不下去，这种情况，在80后、90后夫妻中更是常见。其实，感情中没有谁对谁错，很多时候，还是因为很多人不懂得放过自己、放过他人，以至于要不要买菜、谁去买菜，都能上升为"你还爱不爱我""嫁给这个男人简直是瞎了眼了"这种层次。在这样的心理暗示下，任何小事都能成为亲密关系的杀手，最后对方简直变得一无是处。这段婚姻，自然也就无法继续。

在亲密关系中两个人免不了要争吵，但是要学着适可而止，让自己的精力有所转移。两个人相处，更重要的是要对自己的情绪有所觉察，不要因为我们对自己失望，就开始对身边最熟悉的爱人无休止地抱怨和责怪。我觉得如果我们可以尽己所能，让自己的人生多一些成长和突破，或许我们将有更多的选择。即使是做一个家庭主妇，我们也可以选择做一个快乐和自由的主妇。

很多"鸡汤"都告诉我们，如果无法改变对方，不如改变自己。这一点，"鸡汤"倒是对的。很多时候，放过别人其实就是放过自己，在亲密关系中，这尤其重要。不然，为什么有的男人在一段关系中是渣男，转身投入下一段关系就成了二十四孝男友呢？当与另一半僵持不下时，不如问问自己现在是否快乐，也许答案就很清楚了。

你为什么总是情绪疲惫?

　　我有一个好朋友,她有一套很好的情绪管理法则。每次我看她的朋友圈,她不是在感恩,就是在感谢美好。好运似乎总是伴随她,她是真的如此幸运吗,还是解决问题的能力强到远远超过很多人?其实在我看来,她和我们一样,都是普通人,每天也会遇到各种烦心事和不顺,只是因为不喜欢追问过去,又很喜欢畅想未来,所以她永远都不会让自己的情绪集中在眼前的困难上。

　　最近她开始到处演讲,每次讲的主题都不一样,有时候发挥得也不尽如人意。每次结束后她都会和我总结,告诉我这次她讲得不够好,比备稿时差了很多。我以为她会继续自责,可是她却转脸哈哈一笑,和我说:"没关系啦。走,咱俩去吃好吃的,犒劳一下自己。每次的不足都是进步的原动力呀!"她最爱说的一句话就是"错了就错了,过了就过了"。好一句自我原谅的话，这才是她保持乐观和开朗的秘诀。

很多时候，我们之所以会觉得苦恼，觉得生活艰辛，觉得压力大到令自己喘不过气，并不是因为外界的事物，更多是因为内心的无法放下。我们要懂得及早把自己从过去的错误和遗憾中抽离，投入到另一件事上。这是对自己负责，也只有这样我们才能继续向前，因为未来总比过去重要，只有轻装才能远行。

这是很简单的道理，很多人想得明白却无法改变现状。知道要怎么做是一回事，能不能做到又是另外一回事。我记得看美剧《实习医生格蕾》时，有一集让我印象很深。女主角和一帮外科实习医生一起来到西雅图医院实习，上班没多久，他们就参与了一个心脏病人的手术。一开始，大家都很兴奋，因为可以学到很多东西，但那次手术失败了，病人没能挺过去，死了。女主角非常伤心，非常沮丧，在手术室外面难过。这时，手术的主刀医生出来，看到她的样子，跟她说："我们是医生，我们想办法治疗病人，我们挽救生命，但是有时候，我们也会没有办法，病人就会死。我下班一回到家，就让这一切过去，只有这样，我才能成为一个更好的医生。"

很多时候我们总是放不下各种执着，放不下过去的人和物，其实都是不放过自己，总是习惯于往自己身上套很多不必要的责任，然后解决不了就自我愧疚。我们从小接受的教育里，也都是教我们应该要有责任心，要"一日三省"，却很少有人告诉我们，有时候放下比自省更重要。错已经错了，把责任归咎于自己，想着"如果我当时再努力一点就好了"是不会对事情有任何改变的，因为无论重来多少次，人总是会犯错，结局都不会差太远。

还有一种人总是在想如果过去我能怎样，今天就能怎样。比如，有人会想："当年如果我努力一点，可能就考上了清华，因为我当年没努力，没考上清华，所以现在落魄是可以理解的。"这种人总是沉浸在一种"假设"的情绪中，好像现在的不顺都是因为过去的不作为造成的，跟现在的自己没有太大关系，这样一来，现在的懒惰也就顺理成章了。

我想，这就是狡猾的人类，从来只想着把该受的罪留给过去的自己，现在和未来的自己却不愿意多努力一下。每个人都应该相信现在的自己会比以往任何一个时刻都好，要学会接纳不同阶段的自己，也请记住我那个朋友的那句话：错了就错了，过了就过了。在这个艰难的世上活着已是不易，只有将昨天的对错都留在昨天，放下疲惫的情绪，你的未来才能继续好下去。

所有的缘聚缘散都是事在人为

很多人经常说缘分是天注定，我们应该顺其自然，静待花开花落。这个说法虽然没有错，但是在我看来，所谓的缘分还是有人为因素在里面，所有的缘聚缘散都是事在人为。打个比方，我们经常说谁赚钱很容易，一夜暴富。这个"容易"是代表什么都不需要做吗？难道有一天你打开门就会有人捧着一堆钱送给你花吗？即使真的有一夜暴富这回事，前提也是你做了一些准备工作，比如至少花了2块钱买了张彩票，然后才能中3000万。

有一种人，你看着他们好像每天都没干什么正经事，好像都在玩，但他们月入却不止10万，这种就是所谓的"轻而易举的富足"。要达到这种状态，需要去做自己喜欢的工作，拥有喜悦的心情，从而吸引美好的事物来到身边，带来很好的关系和财富。所以，我们所说的顺其自然的缘分，其实也需要用心和努力去维护。

比如说爱情。如果你爱一个人，你是选择等对方主动来爱你，对你好，然后你用各种方式考验他，以此判断自己会不会受伤，如果不受伤，就去爱这个人，还是选择努力做好自己，用心去爱对方，守在他身边，让他感受到你的爱呢？这是爱的两种方式，大部分人会选择第一种，因为如今的社会越来越功利，我们都害怕失去，害怕付出得不到回报，所以在各种关系中，我们会先把自己保护好，考验过对方后才试着去爱，似乎这样才有安全感。

可是，这个看似安全的过程却消耗了很多爱的能量，还有对爱的信任。而选择第二种方式的人，只要爱了就全情投入，为对方付出所有的爱和关怀，让对方感受到自己内心爱的能量。这样的爱看似傻乎乎，但一旦对方感受到，彼此就会紧密相连，也会因为这样的爱而彼此滋养，托起彼此。很多人说，全心付出的结果很可能是受伤，可是，受伤本来就是爱情的一部分啊！如果不受伤、不付出，大家都只是彼此衡量着、计算着，那应该也不是爱情了吧。这样的关系固然安全，但同样也脆弱。

很多人喜欢看韩剧，是因为现实中很难遇得到那样不顾一切的爱情，也很难遇到那样对爱情坚定不移的人。多少人希望遇见一个斩钉截铁说"爱你"的人；多少人期待不论贫穷、富贵、健康、疾病，都有一个人始终陪在自己身边。但我想，除了小部分的概率，大部分人一生中其实都有机会遇到这样一个人，但是不是每个人都能抓住这个机缘。总有这样那样的问题让我们与缘分错过。我们怕的不是遇不到爱情，而是遇见了爱情，却在犹豫和怀疑中错过，所以我说所有的缘聚缘散都是事在人为。

如果有一天，你遇见心爱的人，他触动了你的心，不要害怕，勇敢爱，用心爱。爱一个人，最好的方式就是放下自己所有的骄傲，爱对方的同时，也好好爱自己。只有这样的努力，缘分才会顺应天意，净得花开花落。

不要以爱的名义绑架你爱的人

——你到底喜不喜欢我？你不喜欢，我就自杀。

——那你去吧，别带上我。

这是我这两天看的一部电影中男女主角的对白。女主角很爱她的男朋友，但是疑心很重，经常翻看男朋友的手机，以为他出轨了，就质问他，两个人闹得不欢而散。结果女主角真的选择了自杀，还好自杀未遂，但男主角也怕了她，更加坚决要分手。这样的女人惹不起，只能躲。

这是多么真实却又令人害怕的剧情。爱情本来是一件多么美好、多么温暖的事，可是在电影里却成了"绑架"。我爱你，我就要占有你。你的生活、你的社交、你的私密，我统统都要占有。如果你不愿意，那你肯定是不爱我，或者不够爱我，这是不对的；我这么爱你，所以你必须用同样的爱来回报我，否则你就是自私，就是没有良心，就是背叛。这就是用爱来"绑架"他人者的逻辑。

其实我们在生活中也可以看到，有一些人真的把爱变成了无边无际的自私和控制。可是你知道吗？真正的爱是绝不会以爱的名义去绑架对方的。幸亏电影里的女主角没有出什么大事，如果她真的有个三长两短，那么她的男朋友要怎么去承受来自各方的不理解和谴责呢？或许女方的家人真的会以为男方就是个负心汉，把女儿害成这个样子，否则好好一个女孩怎么会去寻死呢？

我有个男闺密，小伙子的性格特别好，人也很幽默，在朋友圈里人缘非常好，也特别有女人缘。我从来没听他说过别人的坏话，除了他前女友。很多"鸡汤"都告诉我们，说前女友坏话的男人不是什么善茬，但在他这里，我特别理解，因为这段经历确实给他留下了很大的阴影，而根本原因在于这个前女友是个喜欢"爱情绑架"的人。

男闺密说，因为这个女孩的父亲曾经出轨，所以她一直对男性有种不信任感，自己所有的电话、短信她都要看，只要她觉得有可疑的，就非要他解释。有一次，他的前前女友打电话来，说了句有空一起吃饭，女友就不依不饶非要他解释清楚。他烦了，想直接走人，女友就追上去说，你敢走我就死给你

125

看！我这个闺密被吓着了，乖乖回去哄她，结果噩梦开始了。之后只要他有哪里让女友不满意了，她就一哭二闹三上吊，理由是"我这么爱你，你连手机都不肯给我看，一定是心里有鬼""如果你爱我，为什么不愿意结婚"诸如此类的话。最后一次，她又以分手相威胁，闺密说："那就分吧！"然后女友傻了，没想到他突然翻脸。绝望之下女友又说："如果你跟我分手，我就不活了！"闺密说，他那时候再也不怕她这一招了，直接说："你有什么事也不要找我了。"然后他头也不回地走了。"幸亏我那时狠下了心，不管她怎么闹都要分手，不然这辈子惨了！"每次说起，闺密还心有余悸。你看，这种喜欢用爱来"绑架"的人是多么可怕。

当我们爱一个人的时候，我们总是觉得因为我爱你，所以我才这样做，不然我才懒得理你，你爱怎样那就怎样吧。这大概就是以我们自己想要的方式和行为去爱对方，可我们却常常忘了对方是否接受这种行为。这样的爱就如同对方爱吃梨，你非要给对方苹果，还要和对方说吃苹果的种种好处；如果对方不接纳，你就会说他不爱你。这样的爱最后只会让彼此不堪重负。

不仅在爱情里，在家庭关系中这种"绑架"也随处可见。

"妈妈这辈子没什么指望了，所有的希望全在你身上。""爸妈为了你上个好学校，舍不得吃，舍不得穿，你这么不争气，对得起我们吗？"这样的话听起来如此熟悉。是的，这就是很多父母从小到大会跟自家孩子说的话。在他们看来，自己确实为孩子付出了一切，寄托点希望在他们身上，让他们按自己希望的样子去走，何错之有？

在这样的家庭模式里，父母之所以一次又一次以爱的名义"绑架"孩子，归根结底还是把孩子当作自己的延续、自己的门面，把所有自己达不到的目标转移到孩子身上。一旦孩子失败，他们就会有强烈的受挫感，进而把失望、不满的情绪一股脑儿地倾倒在孩子身上。

这种"爱"的结果往往是孩子成为被伤害的对象，出现各种问题，如自卑、否定自我，紧张、敏感、钻牛角尖，不敢做轻易做得到的事，过分的自我保护，因怕输而产生强迫行为，等等，严重者甚至走上极端，以犯罪的方式去报复父母。这种案例不在少数，追根究底，很多都是因为童年时父亲或者母亲把过多的责任推到了他们身上，让他们觉得自己不被肯定、不被爱，或者什么都做不好。

其实，无论爱情也好，家庭关系也罢，都不能以占有和控制为目的。以占有和控制为目的的爱，即使被爱也是一种伤害，被这种爱包围得越久，被爱的人就越不能呼吸。松弛有度就是一段关系中最让人舒服的相处方式，最好的方法就是拿捏好其中的分寸。这也让我想起了那句话，一份好的感情是让彼此变得更好，而不是遍体鳞伤。无论你是谁，如果爱，都不要以爱的名义去绑架对方。只有这样，你才能真正享受爱情和亲情带来的幸福感，而这种幸福，才是一段关系最重要的纽带。

你只是看起来很忙

之前我和几个朋友一起玩了一个心理测试游戏。这个游戏更多的是测试我们潜意识里的一种感受。那个被测试的朋友，他说自己在一个很好的公司工作，平时工作非常忙，虽然工作环境很好，但是他觉得心很累，压力也很大。白天工作了一天，累了回到家他还要处理家庭关系，包括要陪伴孩子。他说自己昨天发了一条朋友圈，声明晚上七点到九点是亲子时间，希望任何人都不要打扰他。虽然这样，可是他依然觉得心力交瘁，希望我们能够帮助他，看看有什么方法可以解决这个问题。

后来我们几个朋友都在为他分析，为什么他会这么忙、这么累，然后在聊的过程中，他自己也慢慢发现，其实每天忙忙碌碌，都是因为他告诉自己这些事情很重要，必须去做。但实际上有些事情，比如饭局应酬、出差，是不是真的那么重要？这些事情消耗了很多精力，但他又觉得作为一个丈夫和父亲，自己必须对家人尽责，所以又强迫自己花时间去跟家人在一起，陪妻子聊天，陪孩子玩。"其实有时候我跟她聊着聊着就睡着了，她会很生气，但我确实尽力了啊，我真的很累！"他无奈地说。

看看自己的朋友圈，你会发现身边每个人好像都很忙：有的人当老板，每天都在朋友圈打鸡血；有的人身兼数职，每时每刻都在工作；还有的人是全职主妇，带娃煮饭，一刻不能清闲……大家都像一台急速运转的机器，根本没有停歇的时间，白天忙工作，晚上忙应酬，回家基本是倒头就睡。

尽管这么忙碌，大部分人的感受却是"这么忙，等回家睡觉的那一刻，有时候都不记得自己一天做了什么"，好像这一天并没有得到什么，也没有留下什么。大多数时候，我们高速运转一天，除了疲倦和累，都感觉不到快乐，也感觉不到充实。事实就是这样，你看起来真的很忙，但你还想要兼顾你的亲子陪伴、家庭陪伴，还要预先在朋友圈告知所有人：我很忙，但是我还要做一个非常棒的两者兼顾的人，我要陪伴家人，陪伴孩子，你看我多么不容易！

这样看起来好像是一个非常完美的状态，可是我们的内心世界里并没有丝毫的轻松。你可以在当下这一刻静下心来感受一下自己的身体状态，你的肩膀有没有非常累？你的身体给到你的最直观的反应是什么，是很轻松，还是有腰酸背痛的感觉，或者整个人不太精神？你也可以内观一下自己的情绪，你会烦躁吗，会不会就像一座火山一样，一点就爆？你会把这些工作、生活带来的压力压抑在心里，然后把烦躁和焦虑带给家人吗？或者说你会无意识地爆发吗？在陪伴家人的过程中，陪伴的质量高吗？……

当你回答完这一系列的问题的时候，你就会发现，更多的时候，你做的一些事情都是为了成为别人眼中那个优秀的自己。你可能觉得自己需要完美，需要积极进取，需要努力向上，可是你有没有问过自己，当你真的成为别人眼中那个非常棒的自己时，你的内心是快乐呢，还是"压力山大"呢？

中国有句话叫"无为而为"，意思就是不刻意去做某件事，而是顺其自然地去促成它。这句话用在现实生活中就是，我们做的一些事情，也许因为各种原因时机未到，事情不一定能做成，在这个过程中，如果我们耐心等待，只是安心地做好眼前该做的事，就会发现其实外界的一切并不能给自己那么大的压力，并且在这个过程中，我们可以勇敢地面对一切困难和挫折，甚至面对那个脆弱的自己。

　　我一直主张不要看起来很忙，因为"看起来很忙"和"真正忙碌"是有区别的。当你为一件发自内心想做的事而忙碌时，你不会在忙碌中迷失自己。你会发现自己不仅很忙碌，同时忙碌得很快乐。在这种忙碌中，人不容易疲惫，更不会让忙碌成为一种压力和负担，因为你真的是全身心在爱着这种感觉。

　　这个世界无时无刻不在飞速向前。如果想在这个世界中活得通透，你首先要懂得认识自己，要懂得偶尔与外界保持距离。其实更多的时候，你不需要一场又一场的饭局，一场又一场的聚会，你需要的是一次有价值的遇见，去遇见与你同频共振的人，遇见一本撼动心灵的书，遇见一段一生难忘的风景……只有当所有这一切最终都回归到自己本身，你才能去驾驭自己的人生，而不是被它驾驭。

别对自己亲近的人发火

有一天在商场，我听到一个中年男人在讲电话，他很大声在说："你别跟我分析什么对错，老子在外就是天，如果不是你那么蠢，我需要在外面这么累吗？滚！"然后就把电话给挂断了。电话中他不断地痛斥着电话那头的人，言辞激烈，情绪也很激动，我感觉电话那头应该是他老婆。虽然我无法知道她的反应，但是想必谁听到老公这样跟自己说话心里都不会好受，而且看那个男人的神态和语气，应该已经习惯这样和自己老婆说话了。

这种男人，其实在生活中并不少见。有的是自己没能力，不上进，一事无成，却总觉得自己是最委屈的那个，回家就要全家把自己当皇帝；有的是在职场卑躬屈膝，回家就吆五喝六，希望在家人身上找回尊严；还有的是事业有成，在外人面前永远一副彬彬有礼的绅士模样，但回家对着老婆孩子却没有一个笑脸……

观察一下，你就会发现，人们都习惯戴着面具在职场行走，而把真实的情绪向身边的人发泄。越是对着身边的亲人、朋友，越是控制不住自己的脾气。

我有一位朋友，是一家大公司的艺术总监，我和她交流的时候总感觉如沐春风。她总是那么有耐心、有礼貌，我没看过她发火的样子。即使下属犯下再大的错误，她都会悉心教导。面对公司一些脾气古怪的客户，她也能把对方哄得开开心心。而就是这样一位女神，却跟我说，很多人都说她温柔善良，可唯独面对自己的亲人，她觉得自己就像一只张牙舞爪的老虎。父母催她结婚，她经常恶言相向。同在一家公司工作的弟弟，只要工作表现有一点不好，她就觉得丢了自己的脸，每次回家都会把弟弟骂得抬不起头。虽然她知道这样不好，但永远无法控制自己，现在弟弟见到她就想躲。"其实我是爱他们的啊！"她叹气。

像她这样的情况其实很多，尤其是在职场打拼的人，面对生活和工作的双重压力，都会有情绪崩溃的时候，而这时，人下意识会告诉自己：我不能在办公室发火。于是，我们就是这样，对陌生人都客客气气的，可一面对亲人，就控制不住自己的情绪，所有的负能量瞬间爆发。

我记得小时候跟小伙伴一起玩耍，无论吃什么都会平均分配，可回到家面对兄弟姐妹的时候，就连一盒糖果也会争得你死我活。长大后，对同事，我们谦让有礼，请客吃饭；对不熟的人，我们毕恭毕敬，过年过节也会发条祝福的短信；可对身边的亲人，有时候我们连一句节日的问候都不记得。

有句话说，你永远只能伤害你爱的人和爱你的人，这真是个令人深感悲凉的真理。对亲近的人，挑剔是本能，但这个本能，往往是最伤人的。很多人在对身边的人发泄情绪时，往往还会加一句"我在你面前不会装"，但这恐怕是一个借口吧。如果你爱一个人，请记住，他永远没有义务承受你的这些情绪；如果这个人爱你，你也要知道，他愿意坐在你对面，听你愤怒、生气或者激动的话语，也只是因为他希望你开心。

为什么你总是无法维持一段亲密关系?

　　不久前,有一个听众给我留言,说自己特别痛苦,因为感觉自己很难能够维持一段恋爱关系,不管一开始是什么样子,最后自己总是会把两个人折腾得遍体鳞伤,以分手结尾。她觉得自己有问题,却不知道问题出在哪里。明明每段恋情都想好好珍惜,为什么最后还是会重蹈覆辙呢?

　　其实,像她这样的人不在少数。有些人不断地投入一段关系,却总是因为同样的原因把关系搞砸,然后把责任归咎于对方;有些人认为自己会搞砸一切恋爱关系,索性不再投入,将所有人都拒之门外,即使有真心爱慕的人,也因为无法越过心中的障碍而一次次错过。

现实中的爱情并不是我们想象中的那么完美。我们常常为失去了美好的结局而痛心疾首，我们会因美梦像泡沫一样破灭而悻悻离开。感情的挫折可以颠覆我们对爱情的美好梦想。多数情况下，发生感情问题时，我们都会把责任归咎于对方，责怪他们的变化、背叛给自己带来的痛苦，或者我们另起炉灶，换汤不换药地寻求新的伴侣，再或者我们变得消极、怀疑，学会了防范自卫，开始花费大量的精力动脑筋和对方周旋。

跟什么样子的人谈恋爱比较艰难呢？就是创伤比较多的人。很遗憾的是，我们总会和跟自己创伤程度大体相当的人发生恋情，所以创伤多的人的恋爱和婚姻会艰难得多。

就像开头说的那位女听众，其实她的问题可能就是因为之前在成长或者恋爱中受过伤，这种经历在她心里留下了深深的阴影，所以她在后来的经历中想尽力避免再次受到这类伤害。这种保护行为让她在恋爱关系中变成了患得患失的那一个。一旦事情发展偏离她的想象，她内心的阴影就会跳出来，变成一个怪兽，吞噬对方，也吞噬她自己，然后一切都朝她所担心的方向发展。结局还是一样，她觉得自己再一次受伤。

这种行为几乎在每个人身上都会发生，只是程度和方式不同而已。曾经有一个关系很好的男性朋友跟我说，他跟前女友分手的原因就是因为她有严重的不安全感，这让他抓狂。比如有时候他晚上跟好友出去聚会，她就会坐立不安，总怀疑他背着自己找别的女人，会夺命连环call；他洗澡时，如果有电话或者短信，她一定要看，甚至有时候会偷偷去打印他的通话记录……朋友说，她父母关系一直不好，她父亲对她母亲不好，有外遇，她一直觉得父亲很坏，所以她无法信任男朋友和其他男人。

实际上很多人都不知道我们的内心有一个小孩。当一个人在亲密关系中越来越深入的时候，这个小孩的各种创伤就会暴露，然后各种怪问题就开始出现。其实这个现象是在说，内在小孩觉得这个关系足够安全，他是想通过这个关系修复早年的创伤，表面上看只是在谈恋爱，实际上是深度的交流。一对伴侣只有具备修复对方的能力，这段亲密关系才能健康地往前走。

我知道这听起来比较难理解。简单点说，其实就是爱的能力和爱的确认，理解、接纳、无条件地接受对方。当他的心在这里安稳了、滋润了，很多创伤就会慢慢得到修复。一切美好关系的破裂，都不仅仅是我们认为的自己看到的那个问题，深层的原因在于我们自身，而关系破裂的目的是为了促使我们进一步成熟。如果我们不能够看到问题的深层次原因，而忙于不停地追究表面的原因，显然这并不能解决内在的问题，以后我们也将会重复类似的经历。

因此，如果你总是无法在一段恋爱中全身心享受，如果你觉得每一段亲密关系都无法让你觉得安心、踏实，如果你总是认为你的伴侣给不了你所需要的关怀和爱，先问问自己，到底想从这段关系中得到什么，又能为这段关系付出什么？如果你想要的只是一个修补自己心灵旧伤口的人，可能你应该找的是心理医生，而不是一个爱人。

04

第四章

时间那么贵，
留给相处不累的人

你为另一半点赞了吗?

前两天,我跟一对朋友夫妇吃饭,他们俩是大学同学,结婚多年,女人自己开了公司,事业蒸蒸日上,男人也有份不错的职业,俩人的年纪不大,房车都有,曾经让圈子里的朋友羡慕不已。

但一顿饭吃下来,我却感到深深的尴尬,只因为整顿饭,夫妻二人都在讽刺对方,仿佛在彼此眼里,对方如同苍蝇,做什么都不对,做什么都让另一个人感到别扭。比如说,女人有点胖,一坐下来,男人就说,你往那儿一坐,我的视线都被挡住了;女人爱吃肉,点了一份红烧肉,男人说,你还吃红烧肉,自己都跟红烧肉差不多了;男人有点矮,我夸他今天穿得挺精神,女人就一脸不屑地说,就他那半残废的身高,穿什么也就那样了……

好好的一顿饭,两人虽然没吵起来,却也是恶意满满。这种饭，哪里还吃得下去？

后来，我跟他们两个人都分别聊过，其实他们在彼此眼里也没有那么不堪。上大学时，女人也是有点肉嘟嘟的，但是男人觉得非常可爱。男人虽然不高，但是是学生会主席，才华横溢，女人崇拜得不行。"那为什么现在你看他好像什么都不顺眼呢？"我对他们都问了同一个问题，而他们的答案却惊人的相似："其实我没有看他不顺眼，只是我觉得他看我好像不像以前了，我现在做什么他都不喜欢。"

婚姻是最好的试金石，两个人曾经爱得多么轰轰烈烈、死去活来都没那么重要。婚姻是最忠实的法官，当两个恋爱中的盲人走进了柴米油盐的平凡生活，所有的激情褪去，时光荏苒，依旧还能欣赏对方，依旧觉得一切都是最好的安排，依旧可以从对方身上学习并看到自己的不足，互相扶持、陪伴、成长，这才是婚姻的法宝。

幸福的婚姻各种各样，但是一定有一个共同点，那就是彼此都懂得欣赏对方。曾经爱得死去活来并不稀奇，最难得的是激情退却后，我们依旧为对方点赞，依旧觉得一切都是最好的安排，一切都是最佳的选择。所以每个甜蜜的女子背后，大多有一个宽厚男子的默默支持，每个圆满男子的身边，也少不了一个宽容女子无声的支持。他们彼此欣赏各自的优点，包容各自的缺点，互相为对方点赞。这种点赞像一支点石成金的妙笔，能发掘出连对方自己都意识不到的潜能与才华。在我看来，良好的情感关系应该是把另一半建设成为一座宝库，而不是不断打击，让对方变成一个垃圾桶。赞赏对方，其实就是赞赏自己，因为你的眼光和优秀，才能跟如此优秀的人在一起。

我们经常在微信、微博上给别人点赞，不论对方晒了什么图片，都会有一堆人在下面点赞。送出赞的感觉很轻松，我们自己也会收到很多的赞，得到赞的感觉也很好。我们欣赏他人，支持他人，鼓励他人，这是非常美好的品质。生活里、事业上我们都如此地需要被赞，那么婚姻呢？在漫长的岁月里，有不少夫妻硬生生地毁掉了彼此的优点，变成了互不欣赏、互相打击的对手。他们在婚姻的竞技场上用尽全力，耗尽一生去做彼此的差评师，自以为战胜了对方，实际上却输掉了自己一生的幸福。

爱的距离和界限

有一次，我看到一个推销米的广告词是这样写的："有点黏又不会太黏"，形容煮出来的米饭黏度适中。突然间，我想用它来形容人与人之间的关系——特别是伴侣和亲子之类的亲密关系最适合不过了。

两个人的关系太黏了，叫人窒息得想要逃开，一方期待更多的亲密，另一方希望能独立自由，就像一个人拼命地在后面追，另一个人死命地在前面跑；关系太生疏了，离得远了，又会让人几乎忘了这关系的存在。

在我看来，爱需要有适当的距离，但不要疏离；关系需要界限，但不要局限。即使是再亲密的伴侣，在生活和情感上也要既有属于自己的部分，又有属于两个人共同的部分，而且这两个部分需要共识和平衡。一个不知道界限的人是可怕的，他想为别人承担责任，要么是过度地控制，要么是无条件地顺从；他想要改变别人，同时又感到无力和沮丧。一个不知道界限的人将会失去自我，注定这一生将是不快乐的。

而一段关系，如果没有了界限，也是可怕和混乱的，因为大家都不知道度在哪里，底线在哪里，什么应该做，什么不应该做。彼此可能都想掌控对方，成为在这段关系里占上风的那个人，或者一方处于控制地位，另一方无原则地退让，这种关系最后会让双方都崩溃。

界限就像是标示出一个极限、范围或边缘的事物。在心理层面，界限是将自己与他人视为不同个体的认知。因为这种不同感，所以我们每个人都具有独特且独立的身份。如果你觉得自己是一个没有界限的人，也不必沮丧。你需要从现在开始为自己的人生负责任，从别人的期望中走出来，去问自己，我真正想要什么，我真正想要做什么。当我们能勇敢地为自己的生命负起责任，不再过度地依赖他人时，就会觉得一个人独处的时候是非常自在和愉快的，这种感觉，就是拥有了自我。哪怕你此刻是单身，当你遇到一个合适的伴侣时，你也具备了与对方愉快相处的基础。

当我们能够爱自己，我们才拥有了爱的能力。一个爱自己的人，有爱的人，才会知道如何去爱别人。如果一个人连自己都不懂得爱，他也无法正确地去爱别人。所以，好的亲密关系就是有点黏，但不太黏。爱也需要有距离，关系再好的两个人也仍然是两个人，不可能成为一个人。你要了解自己的情绪需要和私人空间，也要知道对方也有情绪，也需要私人空间，所以要学会找到和拥有属于你自己的部分。当然，在一段亲密关系中你也不要忘了绽放自己的美好，要在你所爱的人之外，去发展你的兴趣和寻找属于自己的空间。这样互相补充、互相支持、互相学习、螺旋上升的关系，才会真正的长久和甜蜜。

婚姻要学会不断地归零

前两天，我看到一个佛经里的小故事。一个老和尚背一个女子过河，一个小和尚一直不解，出家人怎么可以亲近女色呢？于是他怀疑老和尚犯了戒律。最后他终于忍不住，便问了师父。师父淡淡地说："我把她背过河就放下了，可你背了她，却一直没有放下。"

这个故事颇有深义，其实讲的就是"放下"。只有不断地放下心里的负担，我们才能够坦然前行。这让我想到之前看过的一篇文章，里面有一句话说："好的婚姻，要学会不断地归零，这其实是对生活的一次减负。"

如果说爱情是精神层面的，那么婚姻一定是物质层面的。放下爱情谈婚姻，其实就是一次归零，因为婚姻是落地的爱情，需要从生活琐事中提高爱情的质量。你若一直对之前的不完美或者完美念念不忘，就会阻碍未来前行的快乐。

婚姻中的归零有时候就像一次搬家，只有搬家时你才会发现，过去我们舍不得扔掉的瓶瓶罐罐、废铜烂铁所占据的空间远远大于那些实用的东西。学会在婚姻中不断归零，是一种智慧和豁达。我们只有学会忘记和放下，才能不断丢掉那些占据我们记忆的不美好，以免把新的美好拒之门外。

我有一个老师，她跟她老公结婚几十年，退休后，两人还经常相互搀扶着去旅游，去参加朋友聚会，去听音乐会。老师虽然年过花甲，但保养得当，打扮也得体。每次她和老伴走在路上，都会有人说"这老太太真精致"，她老伴看她的眼神也都是满满的欣赏。

我特别羡慕她，有一次聚会，我跟她闲聊，说："老师，您跟您老公这么多年，感情一直这么好，有什么秘诀能教教我吗？"老师看了我一眼，意味深长地说："哈哈，谈不上什么秘诀，我们也是磕磕绊绊过来的，中间也差点过不下去。只不过，我有一点比较聪明。""哪一点呢？""我会'选择性失忆'。女人啊，有时候就是记得太清楚了，该记的，不该记的，都太清楚了，所以有时逼得大家都喘不过气。过日子，有时候千万不能较真，把该装的装了，不该装的东西，就扔了！"

印度诗人泰戈尔曾说："如果你为失去太阳而哭泣，那么你也将失去群星。"人生就是一次跋涉远行，沿途不仅有风景，还有风雨和坎坷。如果把这些全部背到终点，我们的人生就成了一场苦旅，所以轻装上阵是对自己的一种善待，定时的归零是对婚姻的一次清洗。把污垢和灰尘扫除，婚姻才会有亮度和质感，而你也会发现，其实身边那个陪伴着自己的人原来也挺可爱的。

找一个"养"你的人吧

最近和女性朋友聊天，她们总是会说一句"找个人养你吧"。我当然知道大家嘴里说的"养"不是指男人在物质上包养女人，而是说男人是否从精神上、性格上真正地滋养另一半，好让她真正绽放。当你看到一个女人婚后容光焕发，眼神中流露出温和、安定和满足，那她一定是遇到了能滋养她的男人。相反，如果遇到一个不能在精神上滋养自己的男人，女人的气色和容颜就会急剧地走下坡路。这一点，参考婚后的刘嘉玲和董洁，就能看出差别有多大。

当遇到真正能"养"你的男人时，你总会觉得心安、心定，你不需要独自努力去对抗生活中沉重的"雾霾"，因为这个男人拥有阴天转晴的能力，他能够感染你并让你重燃对生活的热爱。朋友其实也是这样。当你与爱吐槽的朋友相处，起初你会觉得相互吐槽特别解愁，可一旦长期下去，就会感觉彼此都在泥沼中拖着对方，而笼罩你的"雾霾"则会更加阴沉、漫无边际，令你无力摆脱。相反，当你靠近那些元气满满的好友，你似乎能被他们蓄势待发的能量感染，重新打起精神，度过种种的不愉快。正是因为他们凡事都抱着积极的态度，所以他们往往能发现事情好的一面，总是能遇到好的机遇，从而阴天转晴，良性循环。

人生不如意十之八九，每个人难免都会产生负能量，而笼罩生活的"雾霾"正来源于每个人内心对生活的无力感和不安全感。每个人心底都存在着这样的无力感，有时候觉得自己的能力跟不上自己的期待，有时候觉得外界给自己带来种种不顺，但是你不应该把情绪宣泄到爱你的人和你爱的人身上。在我看来，爱从来都不是一件消耗品，一段好的关系或感情不应该是相互的消耗和拖累，而应该是帮助彼此抵抗这种无力感。两个人都能发光发热，甚至迸发出更亮的火花，好拼命地克服本性的懒惰、怯懦，正能量满满地对抗一切。

其实男女之间或者朋友之间是存在着能量互换的，看不见，却感受得到。在你的世界乌云密布时，我是阴天转晴的太阳，而不是雪上加霜的闪电。任何亲密关系之间理应存在着一个正向能量的循环，双方才能走出无力感的困境。两个人之间存在着能量的互通互换，千万不要低估自己对于别人的影响力。为什么我们总是会和同一类的人做朋友，就是因为彼此的能量振动的频率相似，感觉舒服，当然能相互吸引靠近，能量相融。因此，当你遇到一个能"养"你的男人，结识一位总能带动你的朋友时，在这种能量相融的感觉中，你总能不断地成长，自然而然就会变得越来越好，越来越美。

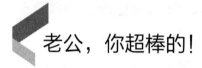

老公，你超棒的！

　　这段时间我都在看公众号上的八卦，有时候觉得，八卦除了可以消遣娱乐，还有一个作用，就是通过不同人的经历（一般都是传奇的经历）来反思自己的人生，励志效果比"鸡汤"和打鸡血还要强。

　　因为英国王子哈里的婚礼，英国王室的一众绯闻又被群众们拿来八卦一番，其中最让大家津津乐道的，莫过于王储查尔斯以及戴妃留下的两个王子的爱情。

　　众所周知，查尔斯在戴妃去世后没多久正式迎娶了旧情人卡米拉。即使没有戴妃的美貌作对比，卡米拉也是世人眼里又老又丑的第三者，偏偏查尔斯对她就是念念不忘。一般来说，没有美貌却能牢牢拴住一个男人的女人一定有更厉害的法宝。卡米拉就有，她的法宝就是让身边的男人笑，让他觉得自己是最棒的。

　　据说查尔斯从小就没有得到父母很多的关爱，这让他的性格变得非常内向和羞涩。而从小作为王储的他，身上肩负的重任让他从来无法轻松。很多照片都能看出他是拘谨和忧郁的，这一切在遇到卡米拉后开始改变。卡米拉大胆而奔放，不仅跟查尔斯有聊不完的话题，而且不论查尔斯说什么，卡米拉都表现出浓厚的兴趣，即使是一个小笑话，也能让她笑个不停。在她面前，查尔斯感受到了释放和被肯定，他在她面前觉得放松，第一次觉得可以做自己，而不是那个肩负国家重任的王子。他俩在一起的照片里，两个人大多数时候都是笑得毫无顾忌，即使现在年过花甲，也能看得出其乐融融。这种感觉，是装不出来的。

　　查尔斯跟戴妃的两个儿子，也都完成了终生大事。巧的是，两个王子威廉和哈里都没有选择所谓的门当户对，而是娶了自己所爱的女人。这两个女人，表面上看，无论肤色、出身、国籍都八竿子打不着，却有一个共同的特点：阳光、开朗、让男人笑。凯特的阳光活力全世界都承认，而新晋二王子妃梅根也是一个乐观、积极向上的御姐。心理学家分析，由于家庭的原因和母亲的离世，威廉和哈里都极度缺乏家庭温暖，这导致他们缺乏自信和安全感，而他们的另一半，恰恰互补。凯特和梅根都是开朗、自信、阳光有爱的女性，她们懂得如何去肯定男人，如何让另一半在自己面前感到舒服。从哈里和梅根接受采访的视频来看，哈里跟她在一起真的很开心，似乎已经走出了童年丧母的阴影。一个好伴侣的力量就是这么强大！

我有一个女性朋友，她对老公的态度让我特别欣赏，也让我觉得她是一个很有智慧的女人。她特别的地方在于，她非常懂得欣赏自己的另一半。每次跟她在一起，我听到她说得最多的一句话就是："嗯！我老公超棒的！"她老公在她的夸奖、欣赏和鼓励下，事业蒸蒸日上，尽管忙碌了一天，还浑身是劲儿，对她也是疼爱有加。他们结婚十多年了感情还很好。

有一天我问她："你总是夸你老公，在你眼里他就真的那么完美吗？"她说："不是，哪里有完美的人，包括你我都不是，可是我们不能忘记每个人都需要自己在乎的人的认可和肯定，都需要一份来自爱人的关怀和支持。男人在事业上打拼，就是为了让自己的家人过得更好，有自我价值感和社会责任感。如果连身边的女人都处处挑刺，拿他和别人的老公比较，那种折磨就犹如慢性毒药，会慢慢地抹杀对方的自信，还有你们的感情。一个女人如果真的爱一个男人，是不会总是看到这个男人的问题的。相反，她会竭尽全力地从心里去肯定、去尊重自己的男人，并且用自己的智慧和力量，用自己的爱和包容去成就男人，就好像热恋中的女人，会觉得自己男人的一切都是优点，他做什么都愿意支持。"

听着她温柔似水的回答，看着她脸上幸福的样子，如此质朴而简单，我心生欢喜。这样的女人，大概嫁给谁都不会不幸福吧。男人在她面前，总能看到自己最好的样子，总会有用不完的动力。其实对于男人来说，女人漂亮的外表固然有天然的吸引力，但最终能决定他跟这个女人走下去的，还是女人的内在，毕竟好看的皮囊千篇一律，有趣的灵魂万里挑一，连王室的男人都逃不过这个规律。

拥有了爱是幸福的，拥有了智慧的爱才是永恒幸福的开始。愿世间所有的伴侣都能彼此欣赏、赞美和嘉许；愿每个人在对方眼里都是最初那个完美唯一的他或她。

爱不是说出来的

我有一个男性朋友，是我多年的知己。他是一个超疼老婆的人，虽然不太擅长用嘴巴哄老婆开心，但是他会默默地帮她把各种事情安排好，大到结婚前策划如何办一场她喜欢的婚礼，什么时候准备要宝宝，小到交电费、买水果，甚至是老婆的零食添置，事无巨细，他都会考虑到。做这样的男人的太太，真的让人觉得很幸福。

说来也奇怪，他的太太对他也是特别理解和支持。当他有应酬或者有事情不能陪伴时，他的太太没有耍公主脾气，反而经常煲汤、做营养餐给他补身体，对他的父母也特别孝顺。他跟我说："你看，生活不就是这些小细节组成的吗？刚谈恋爱时大家都是你侬我侬，可是随着关系越来越亲密，很多人都开始忽视对方，所以才会有所谓的'七年之痒'。如果彼此能用心做一些让对方暖心的小事，即使没有想象中那么好，但只要用心去做，都会是一种爱的态度。过日子嘛，最重要的是给彼此安全感，男人和女人都需要。我还从来没有跟我太太说过'我爱你'这三个字。我只会去做让她快乐的事情，只想让她幸福，让这个家的日子越过越好。"

多么质朴的语言，但我觉得它的力量丝毫不亚于"我爱你"这三个字。随着西方文化的流行，很多媒体都在告诉我们要学会对另一半说"我爱你"，还有就是把婚姻出问题的原因归结为中国人不会表达自己的情感。

的确，在恋爱、婚姻、家庭关系中，用语言向对方表达自己的关心和爱是很重要的。任何亲密关系的维持，都离不开甜言蜜语。但进入婚姻后，双方面对的更多是具体的柴米油盐、一地鸡毛，在这些面前，大概不是一句"我爱你"就能解决的。生活不是电视剧，两个人甜蜜完，总归得有一个人撸起袖子去收拾那些狼藉，这时，愿意卷起袖子干活的那个，往往爱得更深。

我想我们可以为自己身边的那个人做一点点事情，哪怕是他晚归时的一杯茶，而不是一张冷冰冰的脸，哪怕是她撒娇时的一个拥抱，而不是视而不见。我想爱的互动其实就是双方用这些小小的行动温暖了彼此的心。

相爱的人为什么要一起旅行？

　　熟悉我的人都知道，我最喜欢做的两件事情是：学习和旅行。其实，旅行这件事，不仅能改变一个人，对相爱的人更有着特别的意义。我认为，在亲密关系中的两个人，尤其是结婚时间比较长的，更应该时不时地抽出一点时间给彼此，找一个合适的地方，重新体会热恋时的那种甜蜜和信任。哪怕只是两天一晚，哪怕只是住个酒店、吃个饭、发个呆，都是一段属于两个人的时光。

　　我有一个女强人朋友叫小暖，有一段时间，她跟我说想离婚。我问她为什么，她说觉得自己根本不需要一个男人，"钱我自己能挣，家我自己也能养，房子、车子都是我供，我都不知道这个老公有什么用！"说起她老公，她一脸的不屑。

　　后来有大概半年时间，我们没有怎么联系，再次见到她是在一个朋友的饭局上。她神采飞扬，跟饭桌上一半人都聊得很开心。我打趣她："你这是为离婚做准备吗？"她双手一摆："那是玩笑话啦，我们现在挺好的，我觉得我挺需要他的。"说完，她羞涩地笑了一下，跟半年前那个把老公说得一无是处的女人简直是判若两人。

原来，几个月前，她跟她老公出去旅行了一次。本来只是公司旅行带家属，她就把老公带去了。这一出去，才发现这个男人简直就像有个"百宝袋"。小暖生性大大咧咧，旅行带什么，要注意什么，她老公都提前一个月准备好，就连她那天可能会来例假，可能需要痛经药，他都一一备好。从上飞机开始，零食、衣服、防晒喷雾，只要她喊声要什么，她老公就跟机器猫一样，从背包里变出来，简直把小伙伴们都惊呆了。

到了当地，很多同事水土不服，吃坏了肚子，她老公又从包里拿出药，给需要的同事一一分发，完了还叮嘱她千万不要乱吃东西，旁边的女同事羡慕得不行，都说，这么体贴的男人怎么就给她找着了！

后来，她说想去小镇上逛逛，正好看到路边有出租摩托车的，兴致一来，非拉着老公要坐摩托车。她老公答应了，租了一辆摩托车，带着她，一路飞驰。"你不知道，当时在乡间无人的路上，我揽着他的腰，他驾着摩托车，我不知道他要往哪里开，他也不知道前面是什么，只是因为我说要去，他就一直往前开，我突然觉得这个男人让我好有安全感！"说起当时的画面，小暖的眼睛一直在放光。她说，回来之后，她就开始尽量减少工作时间，两个人每周末都会一起去买菜、逛街或者运动。她感觉之前濒死的婚姻又活过来了，因为自己开始重新认识身边这个男人，开始发现原来自己如此需要他。

我建议伴侣尤其是已经结婚较长时间的两个人，不时来一场两个人的旅行，哪怕只是周边两日游，哪怕只是两个人一起在酒店发呆、吃东西、看电视。人到了一定的年纪，婚姻到了一定的阶段，总会陷入某种乏味和琐碎，这是人生自然的磨损。不论多么浪漫激烈的感情，在经历了柴米油盐、老人、孩子、工作、房子等琐事的磨损后，都会变得平淡无味。而旅行会让人经历超越自我的体验，让欲望得到缓慢的释放。你们可以暂时忘记婆媳矛盾、学区房的烦恼、职场的钩心斗角，等等。在这个短暂或漫长的旅途中，你们关注的只有彼此和将要前进的方向。在旅途中，你们还可以回忆一下过去的美好时光，曾经有过的梦想，那些久违的甜蜜会重新涌上心头。

在旅途中，我们脱离了自己生活中的身份、角色、标签，可以更懂得自己内心的感受，变成一个更加真实的人。我们在旅行中感受到的点滴细节、情绪，都是人生潜在的转折。作为伴侣，这一切，你若不在场，又怎么会懂得呢？

这个世界，总有一些高跟鞋走不到的路，总有一些喷着香水闻不到的味道，总有一些在写字楼里永远遇不到的人。当时间消磨了爱情，当曾经的亲密无间变成了一地鸡毛，请记得抽出一点时间，放下所有的忙碌，牵起他的手，来一场说走就走的旅行。不论你认为它能给你带来什么，它对两个人的意义都会超过你的预期。这一生，一定要跟相爱的人一起去旅行，因为这一切你都不舍得别人陪他去经历。

对爱人花钱和花心思，
到底哪个重要？

有一天晚上，我的表姐打电话哭着跟我说，她和她老公吵架了。我问她为什么，她说今天是他们结婚五周年的纪念日。她已经向老公暗示了好几次，他却佯装不知，没有回应。表姐是那种比较成功的职场女性，30多岁就在当地当上了科长，每个月的收入也不差，按理说经济十分宽裕，不会在乎那点礼物，但是这一次表姐似乎真的生气了。

我跟她说："那既然暗示不行，你就明着告诉他呀。"她回答道："到最后我是说了呀，但是你姐夫的一个举动让我更生气。"原来姐夫把几张银行卡递给她，说："密码你也知道，想要多少自己去取吧。"她哭着说，从谈恋爱到结婚五周年，孩子都两岁半了，他从来没有哪怕一丝的浪漫举动，跟他在一起，每天都是一潭死水。"我跟他说了好多次，他不知道是真不懂还是装不懂，反正从来没有改过！有时候我安慰自己，人家也是这样过的，但是这次我真的很生气，觉得这日子简直过不下去了！"

其实，这种问题与钱无关，而是姐夫的态度激怒了表姐。表姐要的不是礼物，而是一种态度，确切地说，是一种为她花心思的态度。那天晚上，在我的劝说下，表姐平复了心情，但我却彻夜难眠。我在想一个问题：在情感中，花钱和花心思，到底哪个重要？

我最爱看的美剧《绝望主妇》中，有一段情节我至今记忆犹新。全职主妇Lynette被五个孩子折腾得筋疲力尽，每天都在忙乱和睡眠不足中度过。那一年又到了他们的结婚纪念日，她老公Tom一早就开始策划那一天要给Lynette一个惊喜，并暗示她自己会有安排。Lynette严肃地跟老公说："我只有一个要求：不要有任何安排，我只想那天能早早上床，穿着干净的衣服，好好睡一觉。"Tom却没有把她的话当真。

纪念日那天，Tom租了一辆加长版豪华轿车，并让司机要求Lynette换上他准备的红色礼服。于是，Lynette非常无奈地换了衣服，上了车。豪车到了荒郊野外就把Lynette扔下了，司机说这是她先生的安排，她先生马上就到。结果，本应该在此刻出现的Tom因为车抛锚一直没有到，Lynette又饿又冻，穿着单薄的裙子在荒郊野外害怕得要命，心里不断地咒骂老公。

等到快晕倒的时候，Tom终于出现。此刻Lynette已经没有力气跟Tom算账，Tom万分愧疚，不停地道歉。最后，筋疲力尽的两个人来到一家小餐馆，要了一杯热咖啡，一份三明治。两个人都没有说话，气氛非常尴尬。Tom一脸忐忑，估计老婆要跟自己算账。谁知，当端起咖啡，填饱肚子的那一刹那，Lynette突然有种满足的感觉，觉得这狼狈的一晚也不算太糟糕，毕竟老公是真心想给自己一个惊喜。经历了一晚的折腾，此时两个人在这样一个温暖的地方，喝杯东西，看着彼此，不是也很幸福吗？

这一集的结尾，是二人在餐馆温馨的灯光中相视一笑，所有的不愉快都在这一笑中化解。虽然经历了一个糟糕的夜晚，但那个纪念日是Lynette过得最难忘的一次，因为她感受到了老公对自己的心思和爱。对女人来说，这已经足够。

王小波说过："一个人只拥有此生此世是不够的，他还应该拥有诗意的世界。"生活尚苟且，若是不多花点心思在感情上，那生活就太无趣了。你看，爱情本身就摆在那里，它呈现出什么样，完全取决于你怎么看待。看似无用的花心思，其实能唤醒我们对于伴侣的尊重，也因为尊重而体谅，明白对方的不容易。

166

爱情有时候是盲目的。从前山高路远，一开始以为陪伴了就会一直走到终点，岂知过程艰辛，特别是两个人生活久了就会有矛盾。角色的转变，价值观差异的碰撞，一开始的激情浪漫褪去，最终变成了每天重复的琐碎和繁杂，这些都会慢慢消耗我们的感情。在这个消耗的过程中，女人往往比男人更易察觉，她们会更加抗拒这种改变，会希望做些什么引起男人的注意，让他跟自己一起去寻找心动的感觉。

但不幸的是，女人的这种要求，很多时候在男人看来是多余或者做作。有些男人敷衍，有些男人好歹配合一两次，还有些男人干脆直接装作没看见，就像我姐夫这种，我都不懂你的意思你总不能怪我吧。有句话说："男人爱不爱你，就看他肯不肯为你花钱。"但如果一个男人，不管什么时候都只会用银行卡来表达爱意，那估计他对你的爱也是有限的，至少，他连问你需不需要这个钱的时间都不愿意花。

有句话说："不折腾，我们就老了。"这句话放到爱情和婚姻中也一样成立。不折腾的爱情和婚姻，也会老、会死，不要等它病入膏肓再想着去补救。花钱、花心思都不是问题，只是别忘了花点时间问问她：你需要的是什么？

什么样的女人才算好命？

　　有段时间我跟一帮女性朋友在讨论一个问题：什么样的女人才算好命？说起这个话题是因为其中一个朋友小C母亲节的时候在朋友圈晒了一张她父母的合照。照片中她妈妈穿着一身红色的旗袍，淡然地微笑，皮肤光洁，白净有光泽，再加上化了一点淡妆，不知道她年纪的以为也就四十出头；她爸爸也是保养得宜，精神抖擞地站在她妈妈旁边，手揽着她妈妈的腰，两个人脸上的微笑都那么相似，眼里是满满的幸福和满足。

　　小伙伴们都惊叹："哇，你妈妈好美，好年轻！"小C回复道："我妈妈是世界上最幸福的女人，当然年轻了！"后来我们一帮人聚会，聊起小C发的那张照片，也就聊起她妈妈，都说她父母一看就很恩爱。小C说，她爸爸对她妈妈的好，那是没谁了，这么多年，每年纪念日和妈妈生日，爸爸都会送礼物，有时还会送花；平时所有的收入也都交给妈妈，即使妈妈多年不工作，她还是掌握全家的经济大权。说到这里，小伙伴们羡慕不已，于是话题就变成了讨论女人怎样才能好命。

小C说："很多人都说我妈命好，嫁了个好男人，所以这辈子享福。其实我觉得并不是这样的。当年我爸家里一穷二白，据说吓跑了几个对他有意思的女孩子。后来别人介绍他们俩认识，我妈不仅没嫌弃我爸，还为了他差点跟我外公翻脸，因为我外公是干部，看不起我爸。后来有了我，我爸那时正好在读夜校，我妈为了支持他读书，一个人又要上班又要照顾我。要不是她当年的辛苦，我爸哪里能有大学文凭，后来也不可能有机会升职，所以我爸一直感谢我妈，感谢她为这个家的付出。这种好命，是我妈熬了半辈子得来的。"

女人是男人前进道路上的明灯。有些女人会大骂自己的男人无用、无能，我觉得这些女人自然不会有好命。我隔壁的一个邻居，她就是这个样子。我也不明白她为什么肯给一个素昧平生的租客送新出炉的包子，却不肯给自己老公做一顿热乎乎的饭菜；她愿意与邻居喋喋不休三个小时，却不肯和枕边人平心静气地交交心。她不能忍受丈夫一生平庸，却心安理得地纵容自己碌碌无为。她的男人不像她的亲人，更像是她的仇人。她一边唾骂、诅咒、打压，一边又抱怨对方懦弱、懒散；她一边践踏着男人的自尊，一边又恨铁不成钢；她怪自己瞎了眼，其实是她瞎了心。

我也是多年之后才懂得，那些能够幸福、能够被宠爱的女人，从来都不是强求男人给予爱的人，而是那些云淡风轻地接纳，不动声色地支持，给对方足够的空气和土壤、充分鼓励和力量的女人。她们信得过自己，也信得过爱人。真正的勇敢不是"无所谓"，而是"无所畏"。她们能坚持、坚信、坚守，所以能自爱、敢爱。也许仍然有人说，是她们命好，遇上一个靠谱的男人。可是她们为什么会遇到靠谱的男人呢？因为她们是靠谱的女人。这种女人，嫁给谁就是谁的福气。她们不会让一个好男人或坏男人改变自己，却能用自己的智慧、温柔和爱去一点点地改变男人，让他们释放内心所有的好。这种力量，岂是一句"好命"可以概括的？

杨澜在《世界很大，幸好有你》一书中写道："如果没有吴征，我就不会成为今天的我。婚姻中两个人的角色是多重的——恋人、朋友、亲人，有时候还有父亲和母亲的角色。我们能够给予彼此的也是多重的——爱、理解、尊重、欣赏、同情、陪伴，还有义气。"

爱像空气，有对流的能力。很多时候男人更像一个孩子，你付出、接纳、鼓励、宽容，就收获他的成长、责任和担当。你甩出冷脸、奚落、嘲讽，就得到他更多的自弃、堕落和颓丧。

那些所谓"好命"的女人，其实大多是懂得婚姻和爱情的经营法则，拥有掌控幸福的能力。她们付出的可能是十几年甚至几十年的努力，而外人看到的，偏偏只是结果而不是过程，因为，承认别人好命比承认别人比自己聪明、比自己努力要容易多了。

70岁的台湾"不老魔女"潘迎紫在分享自己的童颜秘籍时说，其实也就是运动、控制饮食、保持心情愉快，不管别人信不信，反正我信了。因为她没说的那部分是，几十年如一日地运动、控制饮食和保持心情愉快，而这部分，才是她独得上天眷顾的原因。

选择什么样的伴侣过一生？

最近很多听众都在留言询问我一些情感的问题，其中有个女孩问我，应该找一个什么样的伴侣过一生。好吧，这个问题有点难回答。每个单身男性和单身女性应该都问过自己这个问题吧。

其实，该找个什么样的人，这个问题并没有标准答案。每个人在每个阶段的想法都会不同，比如说在20多岁的时候，在乎的可能更多的是颜值和激情；心智日渐成熟以后，可能更加注重物质和精神的结合，例如是否有房和车；而年龄再往上走，物质和经济基础更牢固之后，对外在的条件开始不那么在乎，更愿意选择一个可以引领彼此冲破生活的迷雾，共同走向更高更远处的伴侣。

2017年5月，马克龙就任法国总统，成为法国历史上最年轻也是最有话题的总统，不仅因为他以独立参选人的身份参与总统选举，更因为他有一个比自己大24岁的妻子布丽吉特。在马克龙16岁那年，布丽吉特和他相识，她是他的高中老师。马克龙当选总统时，她已经64岁，有3个孩子和7个孙辈。

从16岁到40岁，从法国亚眠的一所普通高中到巴黎的大学，再到爱丽舍宫，最后到总统，这20多年来，二人始终亲密无间，马克龙始终将布丽吉特视为自己最信任、最亲密的人。从开始从政到成为总统，他始终高度重视妻子的意见，参选时，他就对世界宣布"没有她，就没有今天的我"。这样的高调，即使是在以浪漫著称的法国，也有些令人意外。

这段婚姻随着马克龙当选法国总统成了全世界的八卦猛料，因为与传统观念相差实在太大，连爱情至上的法兰西人民也有些接受不了。但如果看多一些他们二人从相识相知到相恋的故事，你不得不承认，总有一些爱情超越了世人所能理解的程度，但不代表那不是爱情。

作家廖一梅曾说："在我们的一生中，遇到爱，遇到性，都不稀罕，稀罕的是遇到了解。"在马克龙与布丽吉特的这段爱情和婚姻里，不论阴谋论者看到的是怎样的相互利用，事实却是，这段婚姻并不是现实功利的选择，而是一对灵魂伴侣对彼此的皈依。在这一层面上，传统意义上的恋爱婚姻观显得有些苍白。

"搭伙过日子"虽然看上去挺接地气，但这个搭伙的对象是可替代的，跟你搭伙，跟他搭伙，日子都能接着往下过。但如果这一境界上升到"生命合伙人"，你跟他的关系就密不可分了，因为彼此都是对方成长和生命的一部分，没有你就没有我，至少没有这个更好的我。很多商界大佬和政要的婚姻，无一例外都是这种模式。

现在的人很喜欢把自己喜欢的男人和女人称为"男神"和"女神"。依我的理解，神不仅要长得好看，更应该是一种精神上的信仰。无论是作为女人还是男人，能令对方发自内心仰慕的才是真正的男神或女神，而且只有这种灵魂上的皈依才能带来更深层次的爱，也最能打造牢不可破的关系。

这样的说法可能太虚，毕竟所谓的"灵魂伴侣"是可遇而不可求的。对于普通大众来说，可能有的人一辈子连什么是爱的感觉都没体会过。其实找伴侣这个事情，某种程度上说跟买菜吃饭差不多。有的人一定要高大上的西餐，用精致的碗碟装着，点着蜡烛吃才算是享受；有的人喜欢随手炒个番茄蛋，来上一盆小龙虾，在路边吃得汗流浃背那才叫过瘾。吃西餐的人讲究形式没错，吃小龙虾的人在乎味道也没错，找个颜值高、养眼的人没错，找个有经济实力、能带给自己安全感的人也无可厚非。当境界到了马克龙那种级别的，直奔灵魂共鸣而去，则更是高尚。标准只有一条，自己舒服。从这一点来说，克林顿与希拉里，特朗普与梅兰妮的组合都是成功的。

有些人会说，如今的姑娘们可现实了，一开始就贪恋男人的钱和爱。对于这种说法，我只能说什么样的人都有，也有男人跟女人谈恋爱骗财骗色的，而且确定婚恋关系时，把物质条件都考虑进去，这本来就不是什么丢人的事。当然，相对于年轻女性对物质和经济条件的看重，成熟的女性在走进一段稳定关系时，一般更注重精神层面上的合拍。像《欢乐颂》里的海归金领安迪，自己有房有车，年薪七位数，她要的是一个能懂自己、在失落时鼓励自己、开心时陪自己笑、能跟自己面对一切挫折的人，所以她不可能选择王柏川，也不可能选择赵医生。而傻白甜的邱莹莹正是情窦初开时，对她来说，被人疼爱、关心、在乎的感觉胜过一切，所以不论闺密们觉得应勤如何渣，在她眼里，这个男人仍然是她的白马王子，只要跟他在一起，就是幸福。

时代在发展，我们择偶的眼光也在随之改变，因此我们更应该跟随这种改变去适应时代。你可以好好观察一下身边的伴侣，他一定就是你眼中只追求物质和颜值的人吗？或许换个角度，可能他还爱着你的内涵、幽默和智慧，可是你能觉察到吗？

我们总会抱怨生活无趣，没有真爱，可你是否留意过，依赖外在的物质建立起来的情感是如此的脆弱。倘若精神世界贫瘠，没有更深层的交流，真的很难收获恒久的爱情。

婚姻，它不是最优秀的人强强联手，而是两个最合适的人抱团取暖，满足彼此的愿望与需求，活出比单身独处更好的未来。它不是单一的付出，而是双向的辅助。没有天生合适的两个人，所有的合适都是两个人的相互迁就和改变，两个人朝着相同的方向努力，这就是最好的婚姻。

爱情又不是战争，为什么
要势均力敌？

我有一个女性朋友莉莉，28岁，典型的都市白领，干练大方，事业成功，应该是不愁嫁的那一类，但她一直备受情感受挫的煎熬，这几年断断续续谈了不下五次恋爱，可没有一次能有结果。她说，其实自己挺受异性欢迎的，也经常有不错的男人追求自己，可自己就是没办法投入一段关系。每次她都以为这次应该可以了，认为对方会是一生相伴的人，但是最后都莫名其妙地分手了。她很纠结，搞不明白为什么每次恋爱都谈不长，为什么想要把一段关系稳定下来就那么难。

和她聊过之后，我开始明白她的问题出在哪里。原来她就是这种势均力敌型爱情的拥护者，她的爱情故事大体可以分为两类：比我弱型和比我强型。跟A谈恋爱，刚开始她觉得对方条件还不错，可是一深入了解，就觉得他太弱了，无论学历、事业还是收入都没法跟自己比，没过多久她对A的兴趣就开始大大下降。然后跟B谈恋爱，对方比她强很多，她又非常较劲，觉得自己一定不能比对方差，要不然没法跟对方匹配。于是她开始比工作单位，比上升空间，比人际交往，比社会经验，比工资收入。这样比下来，没过多久，感情没有进一步发展，心却觉得累，她觉得没有爱情的感觉，最后又是以分手告终。

莉莉不明白是哪里出了问题，心想，自己有上进心，渴望寻找一个能与自己匹配的人难道就错了吗？还是实现自我的愿望与爱情会有矛盾？我觉得两者都不是，而是一开始她就搞错了爱情的前提。势均力敌，顾名思义就是指敌我双方的实力相当，战斗力不分上下，用这个词来形容爱情，无形中也是一种心理暗示，不知不觉就把相爱的双方推到了彼此较量的位置上。

可是爱情怎么能是一场战役呢？谁说我们一定要分出谁弱谁强呢？在爱情里，没有对错，在爱里，也没有对错。与其寻找势均力敌的爱情，还不如用内心的真诚、温柔、宽容、理解和包容去寻找一个真心对自己的人来得实际。我有一个朋友，我觉得她就非常智慧。每次她跟我们提起她的先生，都是说，自己的温和配合他的能干，自己的感性遇上了先生的理性，他俩的爱情就好像是一座天平，两个人为这份感情找到了最合适的平衡点。

前段时间火到地球人都知道的电影《我不是药神》让徐峥再次成为焦点。然而，很多情感公号八的不是他的才华和票房，而是他与妻子陶虹的故事。在徐峥红起来之前，陶虹就已经是国内一线女星，《阳光灿烂的日子》《空镜子》《黑眼睛》等代表作让她成为当时炙手可热的女演员。她在当红的时候与徐峥相识相恋。结婚后，她很干脆地选择了隐退，在家带孩子，打点全家人的生活。很长一段时间里，大家都忘了国内还有一个很优秀的女演员叫陶虹。

在一般人看来，陶虹为了这段婚姻、为了徐峥牺牲太多，有的人甚至为她感到不值。在我们约定俗成的社会观念里，女人为家庭付出是应该的，男人事业成功是他自己努力的结果。陶虹与徐峥，即使明明陶虹的起点比徐峥高，徐峥也确实得到了她很多的帮助，但谁也不愿意去承认这个事实。而男人成名之后不时还要来点出轨的绯闻，在这段婚姻里，陶虹始终都是弱势的一方。

然而，在陶虹那里，这个事情完全不是这么看的。陶虹的才华是圈内公认的，然而更难得的是，她对婚姻和幸福的看法非常真诚而通透。在接受媒体采访时，她被问到对于跟徐峥白头到老有没有信心，她回答："我不觉得一定要跟谁在一起才叫完美的结局，你做最好的自己就够了。"而在《金星秀》上，她也坦然地说，徐峥电影里没人演的角色至少还有她这个"备胎"。一个曾经大红大紫的女明星能说出这样的话，说明至少在她看来，这段婚姻里根本不存在谁强谁弱。你需要我时，我就在那里；你越来越优秀，但我也从来没放弃自己；别人觉得我比你强但我不觉得，别人觉得你超过我时，我仍然是你不可分割的另一半。大概是因为这种心态，所以陶虹和徐峥两个人才能扶持着走到今天，即使有风有雨，仍然不离不弃。

当今的社会已经不再是男强女弱，或者是女强男弱相对峙的阶段了，而是男女可以共舞，不分彼此，不分强弱。我们应该放弃这种对立的套路，让我们每个人用内心真正的爱，真正的互爱互助，或者更互补互惠的平衡点，找到我们心中爱的那个人，也愿你我都能够心生爱意，把所有的宽容和理解，还有那份来自于内心的爱带给身边的那个人。

余生，和让你笑的人一起度过

2018年5月，英国二王子哈里大婚，这场举世瞩目的豪华婚礼成为继威廉、凯特的婚礼之后全世界的又一个焦点。当然，除了这场古老王室的婚礼本身，媒体关注的重点还是二王妃梅根。这个来自美国的女明星，演过电视剧，离过婚，拥有黑人血统，光是这些就够媒体八个三天三夜。

然而，能让她走进白金汉宫的，都不是这些经历。这个让野马一般的英国二王子死心塌地的女人，有着更大的魅力。

梅根的出身很平凡，小时候因为是黑白混血经常受到歧视，但她有一个天性乐观开朗的妈妈。受到妈妈的熏陶，她从小就开朗、阳光，而且热衷慈善，更是一直关注非洲，这些都为她之后与哈里结缘打下了基础。

她和哈里经共同朋友的介绍相识。哈里回忆说，在看到她的那一刻，感觉"星星都排成了直线，就是她了"。之后他们开始约会。当时已经36岁的梅根自由奔放，又热心慈善，幼年丧母而且从小没有得到太多家庭温暖的哈里跟她在一起后，变得自信、开朗。两个人在任何场合中都是甜甜蜜蜜、笑容灿烂。有些拘谨、羞涩的哈里王子在这个自信、阳光的女人面前开始走出童年阴影，逐渐找到自己的幸福。

一些媒体在分析英国王室两代男性的择偶标准后，得出一个结论：因为英国王室的男性普遍缺少家庭的温暖，所以他们最后选择的伴侣都有一个共同特点——开朗、阳光，能让身边的男人笑。从与查尔斯纠缠了近半个世纪，最后终成眷属的卡米拉，再到凯特、梅根，她们无一不是能够让自己的伴侣笑得灿烂，笑得自信的女子。

世上的人千千万万，而总能让你拥有灿烂笑容的人却少之又少。有的人天生木讷，不善与人沟通，不喜欢与人交流，有的人就是有千种幽默，可也不愿意花时间将你逗乐。那个总能在某个不经意的瞬间将你逗乐的人，是真的爱你，也最值得你珍惜；那个看起来不懂风情却能够在你面前温暖得像个小太阳的人，爱你最

深；那个能让你每天都有笑容的人，我想才是对的人吧。

　　在这个世上生存已经如此艰难，当浪漫的热恋变成婚姻里的一地鸡毛，如果这个人还能让你发自内心地笑，他就是值得你以余生相许的人。余生和他一起走，一起笑，他会是你平淡生活里快乐和幸福的源泉。生命宝贵不如快乐地去过，生活平淡也该笑着面对。　所以，珍惜那个能让你笑的人吧。即使是皇冠加身、手握权杖，最后也抵不过一个灿烂的笑容和一个温暖的家。

真正的情人节从不在日历里

从2017年开始，"维娜一心"暖心电台节目分享的时间改成了两天一期。这天正巧赶上了情人节，我就来说说我对情人节的感受吧。从早上开始，朋友圈里都是铺天盖地的秀恩爱，礼物、花、各种甜蜜的照片，有情人放肆撒狗粮，而单身的人就摆出一副被虐的"单身狗"模样。

在我看来这些都没毛病，有了恋人过节当然正常，没有恋人羡慕别人过节也很正常。一年365天，能秀恩爱的日子也不多，好不容易有个情人节应应景，理应受到祝福。除了情人节，商家们更是"发明"了各种名目鼓励恋人们秀恩爱、消费，白色情人节、"520"、七夕，甚至圣诞节也成了变相的情人节。恋人们甜蜜浪漫，商家赚得盆满钵满，皆大欢喜。

虽说情人节是一个浪漫的日子，但我也认识很多对这个日子并不那么感冒的情侣，他们从来不在情人节或者任何日子晒恩爱，甚至从来不在朋友圈晒自己的另一半，但两个人的日子依旧过得有滋有味，甜蜜无比。

我有个朋友，她和她老公因为旅行一见钟情，没过多久就结婚了。结婚后他们两个人一拍即合，做了个大胆而浪漫的决定：双双辞职去了丽江安营扎寨。现在两个人一起经营着属于他们的摄影工作室。大家都知道丽江特别适合秀浪漫，每年到了天气最好的季节，很多人都会去丽江拍婚纱照，他们俩简直忙得不可开交。

每到情人节，我就会听到她甜蜜的抱怨，她说："维娜，你看今天这个节日，大家都要约会、送花、喝酒、庆祝，我却累得跟狗一样，看着别人花前月下，自己还要苦逼地干活，那些浪漫啊啥的，跟我一点关系都没有。"我哈哈大笑，因为我知道每次抱怨过后，她都会加上一句："唉，没办法。怪只能怪自己，谁让我这么愿意和这个人腻在一起呢，就算情人节都要工作也觉得开心。"

听了这话，我简直羡慕嫉妒恨。虽然我们相隔很远，一年可能也见不上一面，但我知道她和她老公在一起的每一分钟在她眼中都是生命的馈赠，和这个男人在一起，做什么都开心，每一天都是幸福。这样的情感，既有一见倾心的初见，又有久处不厌的默契。相对于那些在情人节或者其他节日晒恩爱的恋人来说，他们俩看上去实在不怎么浪漫，过的无非也就是柴米油盐的平常日子，但他们那种从心里溢出来的幸福和满足是装不出来的，也不是朋友圈几张甜蜜的照片所能表达的，那是真正爱着的人才有的样子。

的确，感情需要的是两个人在看到对方的一切不完美后仍然愿意照亮彼此平淡的生活，而非借节日之光努力屏蔽生活中的千疮百孔。玩什么、在哪里玩都不重要，重要的是和谁在一起，而吃什么、在哪里吃更不重要，重要的也是和谁在一起。你的心里有我，我的心里有你。

不知道为什么，每当说到恩爱的情侣或夫妻，我就会想起郭晶晶和霍启刚。前段时间，霍启刚来内地开会，因为一段采访，他们俩又上了热搜。采访的内容大概是这样的：

记者问霍启刚最喜欢哪个城市，他不假思索地回答："河北保定，肯定要这么说的（保定是郭晶晶的家乡）。"语气轻快，一点都不带考虑。记者问："这么多年来，您太太对您最称赞的是什么事？"他回答："太多了，在这里不好说，脸都会红的。"记者又问："您的普通话为什么这么好？"他回答："以前要跟老婆沟通，我先学普通话，带个头，肯定要让她一点，不能让她学广东话。"短短的几句回答，甜翻了现场所有人。

而让全世界都知道他们恩爱的是2016年那次专访。当时两个人一起坐在镜头前，霍启刚一开场的自我介绍就是"我是郭晶晶的老公"，显然郭晶晶也没料到他会这样介绍自己，在一旁显得十分羞涩。整个采访的过程，霍启刚都用一种含情脉脉的眼神注视着妻子，两个人的幸福溢于言表。后来，他们参加国内的真人秀节目，在紧张激烈的比赛中，有人统计发现，他们在比赛过程中平均三分钟牵一次手，五分钟击一次掌，十分钟来一个拥抱，其他各种小动作更是无比温馨，比如扛面粉的时候，霍启刚全程弯腰扛下来，完全不让妻子动手，生怕累着她。这样的细节，不是作秀能做出来的，难怪全国人民都被他们这份甜蜜征服。

没有人相信豪门的婚姻也能有如此真实和平淡的幸福，也没人能相信豪门的夫妻也能日复一日地过着柴米油盐、老婆孩子热炕头的生活。但总有那样的夫妻和那样的婚姻，让我们看到，无论是粗茶淡饭还是山珍海味，无论是相濡以沫还是家财万贯，他们都牵着彼此的手，眼里都是对方的身影，一个动作，一个眼神，甚至不需要表达，都是爱的信号。

是的，爱一个人无须理由，就是喜欢和你在一起，管他茅屋草舍，管他闲言碎语。只要跟你在一起，每一天都是上天恩赐的节日，每一天都值得珍惜和回味。真正的情人节从不在日历里，它只藏在每一个左手握右手的日子，只在每一次眼神交汇时的心动中，只在每一条与你一起经历过岁月风霜的皱纹里。

让人舒服，是顶级的人格魅力

　　上个星期我们大学室友聚会，大家差不多有十年没见，见面后自然少不了评价对方身材外貌的变化，然后就是各种八卦。在众人中，最让我吃惊的是小雅，当年在班上的女生中，她属于相貌、身材、成绩哪方面都不出众的那个，往人群中一站，经常会被忽略，但十年过去，当年的班花都有了变成大妈的趋势，她却越来越好看，原来瘦小的身材现在苗条紧实，原来苍白的脸现在肌肤紧致红润，更大的变化是，她很会穿衣服，不像其他同学那样拼命装嫩，她穿了一件修身无袖的黑色连衣裙，搭配一条珍珠腰链，整个人像一株兰花，幽静地在那里你却无法不注意到她。

　　一番寒暄过后，大家都找回当年关系较好的伙伴私聊，小雅话并不多，然而才喝了半杯咖啡，她就成了众人的焦点，大家围在她身边，叽叽喳喳地要她介绍衣服和护肤品，她都笑着回应大家。我好奇地凑过去，只听到她轻声细语地跟我们其中最胖的阿月说："阿月你比较丰满，其实到我们这个年纪，要有点肉才好看，我都羡慕你脸上满满的胶原蛋白，不显老。不过你皮肤稍微有点暗沉，注意下保湿和美白，让皮肤有点光泽就非常好啦！"

小月本来是个挺自卑的人，听到她这么说，非常开心，连忙问她推荐哪个牌子的护肤品，小雅又耐心地给她推荐。这一帮女人，其实没有哪个是美女，小雅却能几句话就夸到点子上，既不虚伪又让对方觉得特别舒服，再加上她是电台情感节目主持，说话声音温柔动听，又有耐心，两三个小时下来，大家都恨不得把她当闺密。

其实我们身边经常会有这样的人，他们也许貌不惊人，也许才不出众，但无形中却有着一股别样的魅力，让你想要与之接近，放下心防，倾诉心中的秘密。这些人让你感觉到很舒服，和这样的人在一起就像听一曲舒缓的音乐，品一杯醇厚的热茶，看一朵花静静地开放，让时光如流水般的恬淡、素净。

我想让人舒服，就是最顶级的人格魅力。孔子的弟子子夏评价孔子说：望之俨然，即之也温。既是如此，君子如玉，让人舒服的人就好像一块温润的美玉，让人舒服不是一时的献媚，也不是虚伪的阿谀奉承——这样的人只能让人生厌。有朋友问我怎么才能够获得良好的人际关系，我想是在与他人相处的过程中，要细心地体谅他人，要有同理心，而这些人的魅力来自于内敛、温情，由内而外地散发出一种高贵。

在生活中，有些人总会把处处给人难堪以彰显个人性格当作真性情，用压制别人来体现自身的优越，这样的人粗看好像个性张扬，但却很难得到真心的朋友。真诚坦率是优点，但前提是对别人的尊重与体谅。我想让人舒服的人一定是细腻而聪明的，他们做事讲道理，说话有分寸，也许只是一个眼神与举动，就可以让你感觉到这个世界的暖意。他们可以把每一句话都说到你的心里去，以柔克刚，化解问题于无声之处，让人舒服是人与人友情深入发展的必备条件，只有让别人舒服，对方才会没有压力地与你交谈，和你进一步相处。

现在的各种"鸡汤"，都会教我们如何为人处事，如何在职场左右逢源，其实，书上再怎么教，永远都教不会的是发自内心的真诚，对他人的尊重、关心和善意，没有这个出发点，再高明的技巧也会让人感到虚伪，再八面玲珑的人也会让人觉得少了点什么。如果一个人本身就拥有这样一种品质，再加上素养和内涵，以及一点说话的技巧，这样的人，估计想不让人喜欢都难。

著名的主持人汪涵就是这样一个人，看他主持的节目，不论身边站着的嘉宾是谁，他都不卑不亢，与嘉宾对话时，他的态度真诚恳切，一旦出现突发状况，他总是用自己的睿智和幽默来救场。 最为知名的一次是2015年《我是歌手》的直播事故：决赛中途，孙楠突然宣布退赛，汪涵沉着应对，力挽狂澜，引来喝彩。当晚，即使是资深主持人，面对这样突然的状况，还是在直播现场，也很少有人能做到处变不惊，但汪涵做到了，他凭着自己的睿智和沉着让节目起死回生。

汪涵的另一个经典段子是常常被拿出来讨论或炒作的话题："汪涵和何炅，到底谁才是湖南台的一哥？"用何炅的说法，汪涵给了记者一个教科书式的标准答案："当然是何老师是一哥，我是他大哥。"这个回答，既给足了何炅面子，同时又表明，两人是非常亲密而要好的兄弟关系，不存在什么"一哥之争"。关于这个问题，其实在何炅做客《天天向上》时，汪涵也用另一种方式回应过："我经常说，湖南卫视如果是一个深宅大院的话，我们两个就是这个门口的一对石狮子，其实湖南卫视没有所谓的一哥和一姐，只有兄弟和姐妹。"被各家媒体大肆渲染的一哥之争以及各种恶意揣测，到了汪涵这里，三言两语就化解了，不仅给足了对方面子，也没有贬低自己，让不和之说不攻自破，这种让人舒服的功力不是一两天就能修成的。

　　我想我们每个人都会遇到这样的人，而与这样人的相处，你可以不再去在乎外在的物质条件和社会给予的身份。可以做到言谈举止让人舒服，我相信这是一种高级的智慧和软实力。与其想在各种场合左右逢源或者成为焦点，不如学着做个让人舒服的人，在这一点上，技巧、秘籍都没有大的用处，修心才是唯一的方法。

05

第五章

看透了这个世界
却依旧爱着它

人生，在苦难中逆袭

最近认识了一位瑜伽教练，刚开始，我以为她最多30岁，后来聊起来才知道她已经快45岁了，孩子也已经上初中。她经历了两次婚变，一次婚外情，用她的话说，折腾了几次，整颗心都碎掉了。

当年她为了情人离开自己的老公，结果情人拒绝跟她结婚，对她说："你有你的生活，我有我的生活，干吗非缠着我？"她大哭一场，才知道原来自己付出一切追求的爱情根本不堪一击。她说当时自己简直痛苦得快要活不下去了，家庭没有了，爱情也没有了，突然间自己什么都没有了，只有一个还不懂事的孩子。

跟情人纠缠了大概几个月，她终于彻底死心，决定结束这段关系，重新开始。从此，她专心带着孩子开始了没有爱情的生活，每天晨跑锻炼、带孩子、工作。偶然的机会，她接触到了瑜伽，几年的练习加上身体条件好，她成了一名专业的瑜伽教练。现在她跟朋友合开了一家瑜伽馆，不仅有了稳定的收入来源，还有了一个友善的圈子，孩子也考上了理想的学校，她的生活似乎开始慢慢地舒展了。

她说遗憾的是还没有遇到相爱的人，不过不着急，凡事急不来，爱情也一样。人生一世就是不断遇到各种坎，然后不断寻找平衡的过程。生活给我们的磨难越大，重建平衡的难度就越大。但如果度过了最难的一刻，我们的感受就非常不同了。她说："当年我心如死灰、心力交瘁地面对生活难题时，我只能坚定地相信这是命运给予我的礼物，一层层地去撕开包装，找到一种方式平衡、安定自己。不管曾经是怎样的刻骨铭心，起伏之后还是要平静下来，才能够深入缓慢地呼吸。"

听完她说的这些话，我想到了这段时间频繁出现在公众面前的台湾女星贾静雯。当年贾静雯嫁入豪门、离婚、跟老公争夺女儿抚养权这一连串事件闹得沸沸扬扬，好长一段时间里娱乐头条都是她眼睛红肿、满脸憔悴的样子。想当年她的运气真的不算好，除了遇人不淑不说，因为男人的原因离婚的她还成了众人的谈资。不少媒体提到她时都少不了"攀附豪门""豪门梦碎"之类的话，而她老公更是上演了各种戏码，不仅不让她见女儿，还要夺走女儿的抚养权。

几乎整整一年，媒体都在报道这场"婚变大战"，贾静雯也从被嘲笑变成了大众同情的对象。那时出现在任何场合的贾静雯，都是一副孱弱可怜的样子，眼睛似乎总是红的，一提到孩子就忍不住掉眼泪。虽然最后她争到了女儿的抚养权，但整个人没了神采，憔悴不堪，看得出来这次离婚让她元气大伤。

离婚之后的贾静雯沉寂了一段时间。当再次回到众人视线时，她已经是判若两人。她有了比自己小9岁并把自己当成宝来疼爱的老公，有了三个聪明可爱的孩子。一家四口出现在综艺节目中时，她眼里是满满的幸福，隔着屏幕都掩盖不住。40岁的她美丽、自信、充满灵气，那场风波在她身上似乎没有留下太多痕迹，反而让她更坚强。在她的新书《贾如幸福慢点来》中，她袒露了自己这么多年一路走来的心声，她写道：

"幸福，是我们向往的人生目标，只可惜不是每个人天生都有同样的好运气。如果没有经历那些痛彻心扉、不知所措的苦苦挣扎，也许永远迎不来成长的那一天……

"跌跌撞撞地走过，才学会了爱与被爱，生命中能与你们相遇，是我得来不易的幸运……

"爱，其实就在你身边，从未离开……只要懂得转身，伤与爱都是遇见美好的道路。"

没有谁可以一直被命运眷顾，也没有谁可以一直活在阳光下，只有不肯妥协、绝不认输、经得住风雨的人才可以等到属于自己的怒放。幸福也许会迟到，但从来不会缺席，只有熬过艰难等待的人才能配得起最后的幸福。

生命是一袭华美的袍子，上面爬满了虱子。剥开华美的外衣，谁没经历过一些挫折和创伤？人的一生，谁没有遇到过自以为过不去的坎？可每个人都可以逆袭人生，让那些伤害结成硬痂，触之不痛，让我们继续成长。我想只要有勇气，每个人都可以从盲目、躁动、焦虑中解脱出来，重新恢复敏锐的觉知，让自己的人生新生嫩芽，逆袭成长。

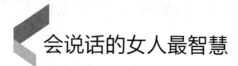

会说话的女人最智慧

　　说话简单，可要好好说话，正确表达自己的心声，和他人有效沟通，这可不是一件容易的事儿，而且这也很重要，它决定着我们和他人的关系。

　　随着年龄增长，亏吃多了，你慢慢就会领悟到一些道理。这不是道听途说，而是我自己多年经验的总结。三年前，心高气傲的我只要一听到男性的夸奖和赞美，我就像狐狸尾巴翘上天，得意扬扬，必然开始高谈阔论，仿佛天下唯我独尊。可渐渐地，我感觉他们并没有被自己吸引，甚至有些人并不是那么愿意跟我聊天。我觉得奇怪，却不知道是什么原因。我就纳闷，难道是我不够漂亮，还是打扮不得体？都不是啊，当时我觉得自己挺优秀的，可为什么不能够持久地吸引他人呢？

　　这个问题在我的心里一直是个谜。当我开始进入身心的进修后，我才渐渐悟出了一些道理，也开始明白当年的自己为什么总是会吓跑身边的人。不错，男性会欣赏一个优秀的女人，但却无法忍受一个强势的女人。

《黄帝内经》里曾说："阴阳四时者，万物之始终也。"也就是说，阴阳和四季是万物的根本，这里的阴和阳可以有很多解释，但在传统的文化中，阴代表着女性，阳则是男性的象征，所谓阴柔就是指女性的特征。随着女性在社会生活中的参与度越来越高，女性扮演的角色也越来越重要。有越来越多的女性成了企业家、领导人，但也有很多女性慢慢失去了平衡。她们当中有的人说话咄咄逼人，做事爱打压他人，其实她们多数是为了证明自己是优秀的，因而失去了女人的柔美，变成了刀枪不入的"钢铁侠"。虽然获得了丰富的物质生活，可情感上却不顺利，内心并不开心，女人活成这样真的很可惜。

事实上，女人本来就是一道风景，放下那些需要证明自己的想法，不再在意他人的目光，我们会活得洒脱、自在。女人天生充满母爱，带着上天赐予的爱去生活，不仅可以优秀美丽，生命和灵魂也会更欢愉、自由。

明白这一点后，当有男性夸奖和赞美我时，我会更多地把心里美滋滋的感觉稳固在心轮上，把祝福和嘉许带给对方，而自己散发出来的柔和感恩，会让对方如沐春风，互动起来就感觉非常舒服。所有美好事物的连接都是由于感觉好。正是因为我懂得了回归到女性的位置上，而不是总想着去压制对方，对方也能感觉到这一点，所以现在我和男性沟通起来就非常和谐，彼此在沟通的过程中不会总想着要占上风，气氛自然也就轻松了。

心理学将人际关系定义为人与人在交往中建立的直接的心理上的联系。说得简单点，我们的表达都要和我们的内心相连接，带着觉知和觉察去练习。一旦你学会这一点，相信你与他人的关系很快就会有很大的不同。我们永远要记得，男人需要被赞美和夸奖，特别是你心爱的人，你对他的嘉许和肯定就像发动机，会给予他源源不断的能量。而夸奖也是一门学问，怎么夸、夸什么都是需要斟酌的。对于女人来说，更多的是要学会说话的一个"度"，适当有度，包括声音的大小高低和语气的拿捏到位，要让说出来的每一句话和自己的内心紧密连接。

当你学会带着觉知去聆听对方的话、去表达自己的内心感受，你会发现人与人之间有着一种非常奇妙的能量流动，你就会慢慢成为一个优雅、懂表达、会说话的智慧女人。这样一个阴阳能量平衡的女人会非常有魅力，不仅会吸引男性，也能吸引女性，甚至吸引一切美好振频的事物。

所以，说话看起来简单，但会说话就是一门艺术。大家可以好好地感受下，随便说话和带着觉知说话的不同之处。语言是有能量的，你口中的人生就是你的人生。愿每个女人都可以从简单的说话中体验人生，将语言表达和自己的内心连接起来，从此成为一个会说话的智慧女人。

让心带着我们去旅行

在跟朋友聊天的时候，我们会聊到一个话题：放松。城市喧器，压力繁重，我想去海边，放松；我想离开一段时间，放松；我想去云南，放松……是啊，放松是为了更好地面对生活。我是一个非常热爱旅行的女人，之前在电视台做旅游节目主持人，去了很多国内和国外的地方。那个时候对我来说，我更像是个机器，因为我是为了工作，并没有办法真正体验没有压力的旅行。

随着这些年的不断努力，我终于活成自己想要的样子，我终于可以自由选择旅游目的地，选择停留的时间，让心真正地在那个环境中安放，这让我对旅游这件几乎人人都热爱的事儿也有了不同的感受。但是，旅行的感受和旅行的目的地到底哪个更重要呢？这就好比是鸡生蛋还是蛋生鸡的问题。旅行是为了放松，选择合适的目的地是为了更好地放松，也是因为要更好地放松我们才会选择喜欢的目的地和旅行这种方式。但事实上，许多人到了目的地却把更多的时间和精力花在了朋友圈和塑造自己的形象上。不论多好的风景，多么有趣的人文，在他们看来，都只是拍照的素材。很多人去了很多地方，可当你问他印象最深、最有意思的是什么时，他却答不上来，因为一直在忙着拍照和发朋友圈。

有一次我到海边旅行，下午闲来无事，我跟朋友约好去沙滩漫步闲聊。我特意没有穿长袖和长裤，只是穿了一件吊带背心和短裤，做好了防晒的功课就出门了，朋友也是一身短装。到了沙滩，我们看到各种肤色的男女在晒太阳，女孩个个只穿着比基尼，涂着防晒油在惬意地享受阳光，还有几个极养眼的俊男靓女在玩沙滩排球。看着他们，一股生命的活力扑面而来，我感觉到了一种久违的冲动，想大喊，想奔跑，想跳跃。

再往前走了一段，我们看到另外一堆人，女孩子个个包得严严实实，遮阳帽、遮阳披肩或者长袖、长裙、遮阳伞，孩子也是从头到脚武装，恨不得只露出眼睛。他们三五成群地在沙滩上摆出各种造型，乐此不疲地在拍照，至于阳光、海浪、身边的欢声笑语，仿佛都跟他们没有关系。"这么怕晒太阳，干吗要来海边呢？真搞不懂！"朋友摇摇头说。我也不能理解，既然选择了来海边旅行，那么阳光、海浪、沙滩就都是这趟旅程的一部分，如果千里迢迢来到这里，却还想跟待在空调房一样，那又何必呢？

说说这段时间我的泰国之行吧。这次去泰国，我选择住在一个叫帕岸的小岛上。那里远离旅游团队，亚洲游客也很少，大多数是当地人和欧洲人，街道不宽，有很多美丽的沙滩。在岛上，人们可以从一些沙滩的细沙中看见细碎的闪亮的天然粉红水晶。因为整个岛屿的能量非常纯粹，所以在这里人们很容易体会到自己内心真实的感受，意思是说人们会对自己的情绪感觉非常敏感。

在岛上的日子里，我更多的是发呆，和随行的小伙伴一起骑着摩托穿梭在大自然中。虽然天气很热，风也很热，但我无比享受与风抚触的感觉，那种自由的奔放，开怀的大笑，香甜的水果，浓郁的咖啡，无时无刻都让我感受到生命的激情和活力，还有那种从内心流淌出来的欢喜和幸福。在这个岛上，我还去学习了一些自己喜欢的课程，体验了人生很多的"第一次"，和不同国家的人一起跳舞，迎着早晨的阳光在海滩做气功练习，晚上坐在大斗篷的卡车里飞驰，仰望着星空，看着星星。这里完全让我脱离了与城市的连接。你想想，如果你可以真的置身于当下，看着眼前的这一片片绿色植物，静静地感受自己内心的纯粹与宁静，好好地陪伴自己，你的生命会发生什么样的变化？

　　每一次旅行归来我就像蛇蜕了一层皮，因为每次旅行都是我们将外在世界与内心世界相连接的最佳机会。当你安静下来，你内心的智慧会给予你声音，让你抛开社会赋予你的标签和定义，重新思考自己是否被生活的日常琐事标本化，是否被固有的环境、职位、头衔、人际关系、金钱等束缚。你在旅途中不经意遇见的一草一景，或许会让你内心的烦恼和困惑瞬间消失，而你也会突然明白哪些才是自己内心真正重要、真正想要的东西。只有那些能够触动你的东西，才是你内心的结晶。旅途很美好，愿美好的感受能够更加滋润我们内心的真情。抛开那些社会赋予你的标签，我相信，你可以。

两人三餐四季，才是最暖的情话

有人会说婚姻好不好，看厨房就知道，这话有叶落而知秋的意味，但想一想，我觉得也很有道理。记得我有个小姐姐，长得漂亮嫁得也好，夫妻两人郎才女貌、出双入对，把我们都羡慕得不行。有一次我妈和我去她家做客，回来之后我妈就一直摇头，我那时还小，不明白她哪里不满意。后来过了几年，听说小姐姐离婚了，我妈一副早就料到的样子，说："我早就说嘛，他们家，哪像个家的样子，冷冷清清，冰箱里连根葱都没有，一看就不像过日子的！"

虽说我妈的话有点"事后诸葛亮"的感觉，但她确实说对了一点，一个家庭的关系，透过一些细节，确实是可以看出来的。一对夫妻走出去可以扮演光鲜恩爱的样子，但是夫妻感情、家庭气氛究竟如何，一些看似不相关的细节根本掩饰不了。

　　比如说厨房，厨房的温度差不多就是这个家庭的温度。你尽管去看吧，一个冷冷清清的家庭必然不会有一个热气腾腾的厨房；反之，一个和和美美的家庭必然有一个饭菜飘香的灶台。古人常说："民以食为天。"一日三餐是日常饮食起居最基础也是最主要的一项内容。想把一个家经营好，未必要上得了厅堂，但至少得有一个人下得了厨房，并且乐此不疲。因为厨房的烟火、酱醋的香味比外面价格昂贵却不带情感温度的食物更容易把一个家暖起来。一家人，忙碌一天，一起坐在晚饭的餐桌前，一天的辛苦也才有了慰藉，对新的一天才有了期待。

　　听蒋勋的生活美学系列的有声书，他在《创造环境之美》一节中说他会经常回忆小时候的生活。记忆中，他妈妈每天会讲有趣的故事，会织漂亮的毛衣，会做可口的饭菜。那时候经济条件有限，物资匮乏，不像现在有机会品尝山珍海味，但是他依然怀念那段时光。因为他妈妈每天都会做非常好吃的晚餐，等着下班的丈夫和放学的孩子。哪怕只是一道面食，她都别出心裁，每天换着花样切成不同的形状，做出变化万千的款式。这对幼小的蒋勋来说是推开家门的惊喜，是放学回家的幸福。因为每天由饭菜带来的新奇，也因为妈妈的爱，他非常愿意回家。

　　其实我也是一个非常喜欢厨房的人，烹饪美味的食物和围坐桌前与家人共享美食是我的幸福时光，特别是在选择材料方面，我会精心选择自己喜欢的食材，在一些细节上，我也会比较重视。我觉得所谓的生活美学并非要刻意做各种物质上的修饰和装潢，装修得再典雅的空间，如果没有了情感的倾注，也并不会带来归属感。即使造型再精美的珍馐美味，如果不是用心去烹调，也很难引起一个人的食欲。一日三餐，其实真正值得我们花精力的是这背后的含义，是家人的健康和满足。而抛开这一切，吃什么，也无非是饱腹而已。

　　我们经常说，这世间唯有爱和美食不可辜负。以前我总是不明白爱和美食有什么关系，后来我慢慢地明白了，我们爱一个人的时候，恨不得把他生吞活剥，吃到嘴里才作数，就像我们爱一样美食的时候恨不得一日三餐都吃这样东西，吃不到的时候就会抓心挠肺地想。我们可以跨越山川湖海去爱一个人，就像我们可以穿越整座城市去吃一样美食。我们都是不够高明的美食家，对待喜欢的食物总是太过贪婪，不顾吃相，不吃到自己的胃翻江倒海就不能罢休，对爱情也是不顾一切地想要拥有，爱一个人就恨不得天天在一起。所以你看，爱和美食其实就是这么一回事。

　　看过很多香港TVB的电视剧，很多剧情虽然都忘了，但有句台词却是来来去去都会出现，被大家奉为经典——我给你煮碗面吧！当说完这句话，父亲或者母亲就会煮好一碗热腾腾的面放到男/女主角面前，然后他们边吃边聊，心情就慢慢好了。这大概是TVB剧最经典的场景了。可见，在你需要的时候，因为有了家人的爱和关心，一碗面也就有了神奇的魔力。

你害怕独处吗？

　　我想和大家说个秘密，其实以前我很怕独处，我总觉得一个人特别无聊和孤单，我喜欢一群人簇拥在一起的热闹，可是有时候人很多，我的内心却仍然感到很寂寞。那种寂寞与有多少人在身边无关，也与在做什么无关。有时即使朋友们都在身边，我还是会觉得只有自己一个人。那种感觉就像朱自清先生《荷塘月色》中写的"热闹是它们的，我什么也没有"。即使我努力地想融入这热闹和喧哗，心仍然是空的。

　　很多人说年纪越大就越害怕孤独和寂寞，但我正好相反。这几年随着自己心态的慢慢改变，我不再害怕一个人，不仅不害怕，还很享受一个人独处的时间，喜欢一个人时那种宁静和无边无际的自由感。虽然四周没有声音，也没有人跟我说话，但我的内心感觉不到空虚，因为有很多东西充实在心里。我和朋友们分享这种感受，他们笑我，说我是变得高傲了、孤僻了，不想和人群接触，只是想躲在自己的小世界里。

其实我知道自己不是变得孤僻了，而是有能力了。什么能力？一种可以直接面对自己内心的强大能力。记得有一句歌词是这么写的，"孤单是一个人的狂欢，狂欢是一群人的孤单"。其实，每个人在每个阶段都会不同程度地感到孤单和寂寞。不管你喜欢也好，讨厌也罢，这种感觉总会在那里，只是人在不同情绪和不同环境下，内心的感受会有所不同，开心的时候会对这种感觉视而不见，沮丧伤心时就把这种感觉无限扩大。说到底，人类还是情绪动物。

在成长过程中，我们往往会把孤单和寂寞的意义扩大，所以我们更喜欢在夜深人静的时候，品着寂寞的酒，听着伤感的歌，感受那种孤单寂寞的滋味，然后一遍又一遍地把所有受过的伤和经历过的不顺拿出来细数，仿佛每品味一次自己就多了一分感慨或者唏嘘的资本。"为赋新词强说愁"大概说的就是这种感觉吧。

年轻的时候，我觉得那样做是一件很潇洒的事，但现在更多的是饮酒欢唱，即使听着伤感的歌曲，即使有不顺和伤感，我也享受这寂寞的味道。我不会觉得悲伤，反而觉得那是人生中一种很特别的滋味。30多岁的年纪，我早已经不是小姑娘了，没有那么多的矫情。经过几年对身心灵方面的探索，我也明白每个人的内心都有两个自我，一个是外在的自我，循规蹈矩，不敢越雷池一步；另一个是内在的自我，狂野奔放，拥有无限的想象。

有时候和朋友聊天，我看到他们在笑，可是我却感受到他们内心隐隐的悲伤，就像有些人虽然是在发脾气，但是内心却隐藏着深深的爱意。我们常说要找一个懂自己的人，可是你自己究竟懂不懂自己？之前我有一个朋友想去旅游，他和我说，心里压抑得喘不过气，需要旅游，需要出去走一走。我对他说，跟着自己的心去吧，其实我更想告诉他的是，我们感觉累的原因不是因为他人，而是因为自己。很多时候，人的矛盾和拧巴，都来自于外在自我和内在自我的斗争。外在的自我越循规蹈矩，内在的自我就越想去突破。我们常常希望自己做个人人都喜欢的人，可你真的喜欢现在别人眼中的自己吗？如果你只是在压抑，只是为了迎合别人的标准而不断扭曲和改变真实的自己，你最终会迎来爆发，而这一场爆发是重生还是毁灭，我想也只有你自己才知道。

听起来很夸张，可确实如此。没有人可以一辈子违背自己的天性去生活，也没有人能在戴着面具扮演着不喜欢的角色时感到开心。直面人生的不完美需要勇气，而直面真实的自我更需要智慧和力量。在生活中，唯有不断和内在的自我对话，让外在的自我与其融合，我们才会有源源不断的力量，我们的智慧和能量才能不断增长，才不至于令自我内耗消亡。

这就是享受独处的意义，我们应该把生活过得真实一点、开心一点，或者我们也可以把每一天都当作人生的最后一天，以向死而生的心态，让自己的生命从当下开始绚丽绽放。

只想在有限的时间里，浪到没有边际

最近我的微信朋友圈很多人都在转发这样一句话：只想在有限的生命里，浪到没有边际。看上去有点无厘头，但细想之后，我感觉这句话的内涵挺多，值得每个人深思。

我想起了之前在网上看到的关于"摩西奶奶"的故事。摩西奶奶生活在美国农村，本是一个普通的农场主妇。76岁时她因关节炎不得不放弃刺绣，开始学绘画。80岁时她在纽约举办个展，引起轰动。在20多年的绘画生涯中，她共创作了1600多幅作品，在世界各地的博物馆都有展出。还有民国时期的名媛严幼韵，这个传奇女子，一生经历了战乱、两次婚姻、多次的迁徙，其朋友圈几乎遍及近代中国的名人。她是联合国的首批女外交官，90多岁高龄还擦艳丽的口红、喷香水、穿高跟鞋、爱跳舞、打麻将，100岁之后还要经常开派对。她这一生的精彩，可以说是很多人活几辈子都无法比拟的。

有时候，我会想象几十年后的自己，希望三四十年后的自己是一个非常慈祥的老太太，坐在摇椅上，晒着太阳，身边有一堆小朋友，其中有几个是我的孙子孙女，他们个个活泼可爱。孩子们会天真地问我："奶奶，你的一生是什么样的呢？"我会用非常慈爱的眼光看着他们，然后跟他们讲自己一生的故事，故事里有笑也有泪，但是绝对不会枯燥。孩子们津津有味地听着，然后感叹"这个奶奶好厉害"！我觉得这个场景特别温馨，特别美满。

有时候，如果我们困惑于当下，是不是应该把眼光或者把要做的梦拉长一点？例如把这个时间拉长到三四十年后，那时当我们回头看现在的自己，我们就会更淡定和从容，在面对困难和选择的时候不会再那么害怕，不会再那么恐惧。在现在的社会里，很多时候我们做一件事情真的不是可以用时间来衡量结果的。有时候我们也会在繁忙喧嚣的都市中失去对快乐的感觉，失去感受细节的触觉，这就是所谓的麻木。不是你不懂，而是你感受不到。

相比几十年、上百年前的人们，我们现在有互联网、飞机、高铁……我们好像可以拥有一切，但是我们不再有热闹的聚会；

我们不再敢于来一场说走就走的旅行；我们不再为了一个承诺坚持一辈子；我们在朋友圈里点赞，却不愿意面对面吃一顿饭；我们花钱去整容抽脂，却不愿意运动流汗……我们可能活到70岁，但是，我们已经死在了25岁，正因为我们活得太麻木、太压抑。

人生就是一场修炼。在生活当中修炼自己、平和自己，活出自己最自然的生命状态，这样的生活才是非常有滋味的。让我们一起在有限的生命里浪到没有边际，也让我们一起去想想未来三四十年后的自己，相信我们一定会从心出发。每一天都是全新的开始，我们不要把过多的希望放在后悔过去和遐想未来当中，而要用最好的状态去面对当下的自己。无论好坏，我们还有那么长的路要走；无论怎样，我们都要饱含信心，走下去。有一句话这样说："我们可以优雅地过完一生，同时也可以在优雅中找到更坚韧的自己。"

人到底该在什么时候做什么事，并没有谁明确规定。如果我们想做，就从现在开始，哪怕你现在已经80岁了。

——摩西奶奶（76岁学画，80岁成名，享年101岁，一生留下1600多幅画）

活到老学到老，做自己喜欢的事情，什么时候都不晚。

——雅子奶奶（82岁，苹果公司最高龄的iOS开发者）

我很感谢70岁时做出了这个决定，如今，我终于过上了从前向往的人生。

——纯子奶奶（82岁，白天经营饺子店，晚上化身当红DJ）

放下束缚，你才会有一张坦然的脸

香奈儿曾说过："自由是一种让人恐慌的礼物，可是一旦你真正愿意去扛起自己的命运，自由就会变成你的空气，你的呼吸。"这句话我特别喜欢，因为我就是一个爱自由的人。对我来说，生命只有活出自我，没有束缚，才能够真正地体会到内心的坦然。但在这个过程中，很多人都要经历那些别人看不见的人生的路。

在大家的心中我是一个暖心主播，很多人说我的声音很温暖，很有疗愈的作用。其实我非常感恩，因为在这种自由的声音的流动下，我体会到了极大的喜悦。从2016年的4月19日开始，我用自己的声音记录自己的生活感受，并且能够分享给这么多有缘的人。我在每天的清晨里感恩着生命的苏醒，开始全新的一天。

朋友圈里的朋友可以经常看见我分享美食，分享对生活的所感所想，我并不是为了炫耀，而是因为我非常享受美味的食物给平淡生活带来的美好心情。在外出工作的路上，我坦然地面对每一次的拥堵、红灯，甚至路过时发生的一些意外事件。一些朋友私下问我："他们说听你的声音总是那么暖心，你每天就没有烦心的事吗？"当然不是，我当然也要面对生活的琐事，和大家一样遇见困境，面对分离，还有不可预知的明天，天晓得接下来会发生什么，但是经历过生活的酸甜苦辣，我想我更愿意活在当下，更愿意感受和接受，更愿意感恩和接纳自己，以及相信当下自己对生活的选择。因为只有全身心接受自己，拥抱自己的人，才能体会到内心真正的宁静，真正的坦然。

中国有句话说："女人30岁的脸是靠自己修的。"没有错，只有你全然地敞开心扉，接受你的生命就是你自己创造的时候，你才可以慢慢地活出自我，也只有当你愿意真正地接纳自己本身的样子的时候，你才不会害怕别人看见你的缺点，你才不会害怕别人会说你这不好那不好，因为你知道那就是真实的自己。你爱充满着优点的自己，也爱充满着缺点的自己。

电视剧《我的前半生》看到最后，罗子君逆袭了她的人生，尽管她已经经历了生命非常大的变故。可是我想说，如果你还没有真正地改变，你一定要等到你的人生经历了像罗子君所遇到的那种困境才去做改变吗，一定要等到生活给我们难题的时候才去做改变吗？其实每个改变都在当下，比如说明天早上你起床后，可以给自己一个微笑，给身边的人一句温暖的问候。

你知道吗？这时一切包围在你身边的能量都已经在改变了。慢慢地，你可以去放松自己的心，感受自己的身体，你会发现自己的脸色越来越好，皮肤也越来越有光泽。你开始感恩食物在自己的身体里非常顺畅地消化；你开始感恩自己每天能够健康愉悦地活着；你开始感恩身边有着陪伴的家人、孩子、同事。当你开始感恩你生命中拥有的一切的时候，你的生命就会越来越好。

当你开始慢慢地不再为了目的去做一件事情，而是单纯为了喜欢而做一件事情时，你会发现自己的心是充满喜悦和力量的；当你开始慢慢地找到生活与工作的平衡点时，当你开始越来越爱自己时，你会发现原来自己的天空是那么蓝，那么宽广，充满希望。所有的一切都是我们自己对自己的束缚。有一天当你放下束缚，你就会看到自己的脸是那么真实，那么坦然。

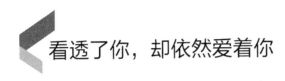

看透了你，却依然爱着你

　　去年香港男星余文乐大婚，当时娱乐新闻陆续都对他的婚礼进行了报道。对于余文乐这个人我不是很熟悉，除了他最有名的那部电影《志明与春娇》外，我对他并没有太多关注。不过看了当时他在微博发的那段话之后，我倒是对这个男人有了些许敬意。在微博里，他说："在对的时间，遇到对的人，感谢上天把最好的你安排在最好的时候出现，感谢你的出现让我的世界充满正能量，充满快乐，充满笑声，感谢你的纯真让我的世界变得简单快乐，在这12个月里你让我的生命发生了巨大的变化，感谢你对我的信任，也感恩你把人生的余下日子交到我手上，我一定会把幸福带给你，我一定会好好地照顾你。"

　　看到这段话的时候，作为一个女人，我的眼眶是湿润的，内心真的非常感动，仿佛这样的幸福也一样流向了我。我记得有人说过，当我们不能为别人的幸福和成功而喝彩时，我们就无法获得幸福和成功。这段话没有多少个字，却包含了过去、现在和未来。哪个女人不想获得这样的爱呢？在这里我感受到了余文乐与他太太之间那份爱的真诚和简单，而令我更感动的是，尽管网上有很多不好听的关于他太太王棠云的八卦，但他似乎从来没有往心里去，而是牵着这个女人的手，一直走向了婚姻的殿堂。其实我想他早已做好了面对一切的准备，这种爱的接纳和勇气才是真男人的真性情，不但敢于负责，而且勇于包容和接纳。很多人大概也跟我一样，通过他的婚礼，才真正认识了余文乐吧。

我们常常会觉得，人生中出场的顺序很重要。在一个人的生命中，出场早一点的那个人通常会扮演一个比较重要的角色，例如在我们青涩时期出现的某个人，可能会让我们一生难忘。可是，这顺序谁又能定得了呢？我们一生中兜兜转转，谁又不想和自己深爱的人携手一生呢？对我而言，最珍贵的，不是你最先出现在我的生命里，而是在我需要的时候，你恰好在这里，就是当我已经历经人生百态，你依然爱我无悔。

真正的爱情永远不是因为你特别优秀、特别美丽、特别性感，他就会爱你不渝，而是历尽千帆之后，你的缺点、你的狼狈，甚至你的不堪，他都能看见，却依旧选择接纳和包容，依旧选择与你一起度过余生，心中笃定的是对彼此的信任和安心，只需看一眼彼此，就认定是你。这样的爱是可遇不可求的，所以我们祝福别人的幸福，同样也应该相信有一天有人会爱你如初，疼你入骨，而那些你渴望的责任和承诺，从来都不需要你努力才能够听到，因为他早已经为你准备好。

愿你我都一样，愿得一人心，白首不分离；看透了你，却依然深爱着你。

我想你了

　　某天早上我起床刷手机的时候，突然看到熟悉的头像，是我的一个老同学明丽。她发了一条朋友圈：昨天晚上十一点在人民医院顺产，小家伙是个8斤多的胖妞，我们母女平安，特奔走相告，感谢各位的关心。看到这条消息，我百感交集。自从毕业之后，我们的联系就越来越少，除了在朋友圈互相点赞，想起来应该快10年未曾相见了。这些年的交集更近乎没有，唯一看得见的就是她在朋友圈晒她的生活。这不，她的第三个孩子已经出生了。但是就是这么奇怪，朋友圈天天见的人，却只能用简单的语言去表达对彼此的祝福。

　　细数一下，从初中的同学情到大学的友谊，这么多年能够继续沟通、胡扯闲聊的还真没几个人了，这也说明了友谊一样会被时间慢慢冲散。去年过年回家，约了以前的好姐妹相聚，我发现在同一张饭桌上，大家玩手机的玩手机，拍照的拍照，唯一能闲嗑两句的话题，除了孩子就是老公和婆媳那点事儿，感觉真的挺失落的。她们都是和我一起穿开裆裤长大的发小，都是当年陪我一起哭一起笑，连一块面包都要分着吃的好姐妹，而现在明明人还是那个人，感觉却如此不同，甚至连话题都找不到了。

我也曾质疑过，是不是我们都长大了，到了大城市，做了些大事，我们就变了？是不是我们变得不再关心彼此，不再记得当年的彻夜长谈和窃窃私语？后来我发现，不是这样的，不是我们对友情不认真了，而是我们都找到了自己的人生轨迹。人生就像一趟列车，每个人都是过客，再好的朋友，也只能陪你路过一段风景，然后下车，最终到达终点站的只有你自己。就是这样，各色各样的朋友，最终以各种不同的方式在缘分中相聚与分离。这让我想起了一句话：从来都不会想起，永远也不会忘记。

是啊，哪怕你只是在我生命中出现过短暂的一瞬间，哪怕你只是陪我走过了很短的一段路，我也始终感恩遇见过你。其实身边经常会有一些朋友，平时大家各自忙碌，很少联系，甚至连朋友圈他都不曾点赞，但你知道，他一直在那里，未曾离开。只要你透露出一点点小问题，他就会立刻出现，问你：你还好吗？需要我帮忙吗？

　　这样的朋友，也许每个人都有。这个人，也许你平时很少会想起他，但是无论何时，只要他一句话，你就会感觉自己并不孤单，因为有人一直在关心你，有人永远都希望你过得好。

　　在人生的道路上，我一直慢慢地走。亲爱的老友，感恩此生我们相遇一场。我们从来不在乎形式，但珍惜每一次短暂的相聚。我们都为了梦想，为了生活，各自为战，各自安好。在辽阔的世界中总是想到你就会温暖，想到你就会满足。

　　今生有你真好，我想你了！

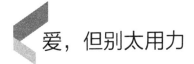

爱，但别太用力

在这几年对身心灵方面进行探索的过程中，除了做电台，我还经常会开设一些课程，课程的内容包括很多方面，有情感、人际交往、心理等。在一些课程中我设计过这样一些问题，我问一些家长："孩子对于你的意义是什么？"有超过2/3的家长都这样回答："孩子是我生命的全部，他是我的一切……"

其实从这些回答中，你就可以理解我们中国的父母为什么那么疲惫，那么焦虑。他们虽然给了孩子能够给到的最好的条件，但是我们看到很多孩子并不开心，甚至和父母的关系岌岌可危。事实上，我们的父母一直都只活在自己作为父母的角色中，他们一切都围绕着孩子，悲伤着他的悲伤，开心着他的开心，烦恼着他的烦恼。比如说有些孩子考了高分，挺淡定从容的，结果父母比孩子还兴奋；孩子的成绩下降了，父母沮丧得饭都吃不下……

事实上，我们越把对方当作自己的全部，和对方的关系问题也就越严重，因为如果我们没有办法在一段关系中做到独立，我们就会失去自己生命的重心，然后把这个重心压在对方的身上，对对方有很多的要求和期待。

在亲密关系中，你会期待对方永远保持开心快乐，更希望这种开心快乐是你带来的，如果对方表现出低落、沮丧，你就会非常焦虑，并且一定要过度介入。又或者你期待对方要拥有健康，如果对方有些可能影响健康的生活习惯，比如说抽烟、熬夜、挑食，你就会过度紧张、担心，并且会用过激的方式去管控对方。类似这种情况，我们身边并不少见，父母掌控孩子的饮食作息，老婆不准老公熬夜打游戏、喝酒、抽烟，总之，就是一句话——为你好。

为什么会有这样的行为呢？因为这些人已经丧失了靠自己获得开心快乐的能力，所以要把所有的幸福感都建立在身边的人身上，而最常见的就是建立在家人身上。也正因如此，对方的生活中不能出现任何让他们感到不安的元素，如果有，就一定要消灭它。

事实上，这是一种非常危险的关系，因为这样给出的爱注定充满控制和压力。没有人喜欢让别人的人生压在自己身上，哪怕这个人是自己最亲、最爱的人。而且，在你控制伴侣或者孩子的过程中，你是否迷失了自己呢？你是否还关注自己呢？你是否还爱自己呢？一个连自己都不会爱的人，又如何懂得爱别人呢？

我们对自我遗忘得越多，就越容易过度沉浸在所扮演的角色之中，也越容易患得患失，变得执着，执着得让我们充满恐惧和无力感。一旦你执着于某种东西，你就必须要背负着它，关注它，而这并不只是妈妈、丈夫或者妻子的这个角色，而是生活中所有你执着的角色。所以你需要思考，你是想为你的角色服务，还是想让你的角色来服务于你的生命呢？

最危险的关系是什么？那就是控制、掌控和抓取。当你越用力抓住一把沙子的时候，沙子会散落得越快，到最后，什么也留不住。爱也是一样，不是你想给对方，对方就一定要承受。为了索取的爱，是沉重的，也是可怕的。每个人都有爱的人，但爱一个人，请别太用力。只有学会恰到好处地爱，才算是真正的付出，也才令人心生感恩。

相爱无伤

某年圣诞节来临，在圣诞夜当晚我发起了一次话题讨论，这个话题是：去年陪你过圣诞的人，今年还和你在一起吗？

这个话题一放出，我就收到了很多留言，有甜蜜的，有伤感的，还有平静的。有些人能够一直陪我们度过每个节日、每个纪念日，而有些人，可能走着走着，就走散了，大家各自选择了新的同伴继续前行。其实，像圣诞节这样浓墨重彩的日子，更多的不是用来庆祝，而是用来怀念，怀念每一个曾与你共度的人，怀念每一段肆无忌惮的快乐时光。

每个人到了一定的年龄，经历了一些事情，就自然会对节日、对人生、对自己整个的生活状态有不同的感触。不管你对圣诞节或其他节日感觉如何，你都要去珍惜，因为每一份感觉都是来自于你当下对生命的感悟。你不必因为看到别人快乐，就觉得自己也一定要快乐，看到别人伤感，就觉得自己也一定要配合他伤感。你需要的是做当下那个最真实的自己，去接纳你当下最真实的感受，那样你的心就是自由的，你整个生命也就是自由的。

我记得有位著名歌手曾做过一件非常煽情的事情，这件事情也很好玩。他提前一年预售了自己演唱会的门票，这场演唱会的名字就叫"明年"。这个提前预售票仅限情侣购买，一人的价格可以获得两个位置，但是，有个特殊规定：门票是一张情侣券，分为男生券和女生券，双方各自保存属于自己的那张券，一年后两张券合在一起才有效，否则不能入场。

票当然卖得非常快，我想这个也是恋人双方证明自己爱对方的方式，因为在买票的那一刻，他们一定在想，我们要在一起一辈子，我们明年还要一起去看演唱会，一年不算什么。

到了第二年，专设的情侣席果然空了很多的位置。歌手面对着那一个个空空的座位，心里大概也是百感交集。他可能发现自己这个试验的结果有些残忍，原来很多的爱，连一年的时间也无法坚持。

我们每个人都不愿意面对分离，但是生活中很多事情由不得我们。所以不管是伤感当下，还是你觉得这也是爱的一种记忆，我认为都是值得被珍惜的。

　　我想起了陈奕迅的那首《Lonely Christmas》，还有最经典的《十年》。每次听这两首歌，我都特别唏嘘，特别感慨。关于爱人的分离，关于一段关系的结束，我感觉他的歌总是能唱出我们心中最隐秘的却不知该如何表达的那道伤痕。

　　其实，我们不管跟什么人一起，走过一段怎样的路，这些始终都是最美好的记忆。有时候你可能会问：为什么你没有陪在我身边？为什么我们会放开彼此的手？为什么我们放弃了自己，放弃了对方？可是最后的答案往往是，没有为什么。人生中许多事情真的没有答案，但他会和你的答案一样永远留在你心里。

　　在夜深人静的时候，你心里有没有一个人，不管多少年过去了，却依然在那里，不用刻意想起，一刻也不曾忘记？明年我还爱着你吗？这样的问题，我觉得已经不需要答案，因为你的心已经告诉了你一切。所以在每个特殊的日子里，你都应该感谢那些曾经陪伴在你身边的人，不论他们只是陪伴你走过了一个转角还是一段长长的路，你都应该祝福他们，因为他们让你成长为现在的自己。

　　这一生，人与人的相遇都是因为缘分，你要相信在人生每个阶段，都会有这样一个人陪伴在你身边，而那个人不仅仅是爱人，还有亲人，还有知己，甚至是陌生人。他们在不同时刻，以你所预料不到的方式来到你身边，让你那一刻的生命变得与众不同，即使以后他们离开，你仍会记得那一刻的欢乐，那一刻的笑容。

有句话说："相信美好的存在，也是对抗复杂世界的一种力量。而相信美好的永恒，更是对抗这个世界所有不确定的一种力量。"即使十年之后，你不认识我，我不认识你，我还是会庆幸，你曾经来过我的生命里。

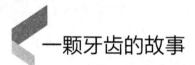

一颗牙齿的故事

　　某天早上，我去医院看牙齿。去到医院排队等候的时候，我坐在那里，无意间注意到周围人的样子：每一个人看上去都是那么沮丧、无助，没有任何表情。突然间，这个画面让我觉得内心很落寞。牙齿的不适，还有医院的氛围，一时间让我有一种说不清的低落，瞬间压得我喘不过气来。

　　我的这颗牙齿一年前就坏死了，当时拔牙的时候，疼得我眼泪汪汪的，钻心地疼！后来被通知要种植牙，这样一来二去我就要经常跑医院看牙科。以前我总是匆匆忙忙看完就离开，可这天的等待却让我突然有了不同的感受，乱七八糟想了很多。健康的时候，谁都不曾关注自己的身体，人人都知道健康是最重要的，也经常说什么都比不上身体健康，可是当你还拥有健康的时候，很少有人会真正去重视它。

现代的都市人都非常忙碌，忙着赚钱，忙着花钱，忙着享受，忙着创造明天。比起其他东西，我们更容易把健康视为理所当然。大多数人唯一会想到健康的时候，就是当失去它的时候。就像我的牙齿，它不痛不痒的时候，我总是不记得它的存在，好像吃东西、咀嚼、吞咽是不需要任何帮助就能做到的事。我更不会想到要去感谢我的牙齿，感谢它让我品尝到那么多的美味。可当它开始酸痛、难受的时候，我第一个想到的就是让它如何恢复平时的状态，更确切地说，是如何让我的生活回到正常的状态。这时，我才会发现，哪怕一颗小小的牙齿，罢起工来也是要命的。

我想大多数人都一样吧。我们经常会生活在一个失控的状态中，不记得对自己的健康说谢谢。我们熬夜、喝酒、暴饮暴食，肆意挥霍自己的健康。我们觉得自己还年轻，想着还要过更好的生活，我们要应酬，我们要加班，我们身不由己，我们迫不得已地一次次忽略身体的感受。可那天，当我看着那一张张茫然的脸时，我的内心突然涌起了很多感恩：感恩自己现在的身体还健康，感恩自己身体拥有着能量和活力，感恩自己有着清晰的思绪，感恩自己遇见很好的医生，包括感恩这颗牙齿带给我的感受。突然间我觉得这就是一种幸福。

　　有人和我说过，幸福是一种能力，我想补充说，幸福不仅仅是一种能力，更需要我们时刻提醒自己去感受它，提醒自己所拥有的健康、家人、工作和满怀期待的梦想。在为不曾拥有的东西烦恼时，多看看自己拥有的，这种内心的满足，就像在寒冷的日子里经常看看太阳，心就不知不觉地温暖起来。而这也和一些宗教的饭前祈祷一样，不仅是一种仪式，更是提醒我们，即便一个微小的瞬间，也值得我们心怀感激，因为我们还健康、正常地活着，吃饭、工作、生活。相比这个世界上的很多人，这已经是一种幸福了。

如果那些裂缝没有毁掉你，
它们就会真正成就你

我的一个姐妹离婚了，我不知道如何安慰她。其实我至少可以举出10个例子，证明离了婚的女人绝对可以重新登上人生的顶峰，过上幸福的生活，但我不打算这么劝她，我不打算这样理智地去跟她分析她到底还有多大机会能重新再来，因为我知道，大部分离婚的女人过得非常糟糕。她们带着孩子努力工作，几乎很少人能再遇到一个让自己满意的男人，更多的是不断在痛苦的生活中把自己消耗掉。

我不打算说这个世界有多么美好，也不打算说这个世界有多么残酷，我只想说，无论美好和残酷，我们必须要扛过去。作为一个女人，只要我们相信，就一定可以得到爱情和幸福。

我想起了曾经得意过也失落过的邓文迪，她在很早的时候说过一句很有底气的话，她说："爱情只是空气里飘浮着的一些沙尘。沙尘可能迷住了我们的眼睛，但千万别让它腐蚀我们的心智。"这句话我是这么理解的，爱情可以让我们流泪，但尽量不要让它把我们摧毁，尤其是不要借助于我们自己的手。有首歌的歌词是："早知道伤心总是难免的，你又何苦一往情深。"既然心碎是难免的，既然人生难免会被辜负，那么离婚就不代表你的人生就此完结。事实上，很多时候，心碎后的选择也可以塑造不同的人生。有人在心碎后选择愈合，有人在心碎后选择放弃，同样是面对打击，同样是面对挫折，人与人之间却表现出了那么大的不同。强者经历过打击之后只会变得更强，弱者经历过打击后却时常深陷其中。

如果有人说邓文迪是一个极端的例子，因为她的婚姻本来就不是奔着爱情去的，那可以看看张曼玉。在20世纪90年代，张曼玉应该是最耀眼的女星之一。除了她在电影上取得的成就，她的爱情史也为人津津乐道。她今年50多岁，有过11段恋爱，其中包括走入了婚姻的，每段恋爱一开始都轰轰烈烈，但都以分手告终。50多岁的她再出现在大家面前时，暴瘦、干瘪，顶着爆炸头在音乐节上走调地唱歌。

一般女人在经历过11段没有结果的恋情之后，可能都会对爱情失望，或者怀疑爱情。但张曼玉不是，她每段恋爱都轰轰烈烈地投入，即使那个人离开，她也留下最好的回忆，然后全心投入到下一段爱情中。每段爱情都滋养了她，让她能够更忠于自己的内心。面对媒体各种酸溜溜的报道，她说："我不觉得自己的感情是一片空白，我曾经历过这么多段感情，每一次都是享受到极致。"

所有的人都会经历心碎，包括你，也包括我。这世上的每一个人都经历苦难，我们绝对不会是第一个，也绝对不会是最后一个，甚至包括那些伤害过我们的男人，大家都一样，出来混，迟早是要还的，谁也不会比谁好到哪里去。心碎是吧，就让它碎吧；崩溃是吧，那就让它崩吧；最重要的是碎完之后要懂得拼好，崩完之后要记得抹干眼泪。

有时失去也是人生平衡重要的一部分。总要心碎过几次，才知道自己原来有这么坚强；总要崩溃过几次，才知道那不是世界末日。我们唯一要做的就是要记得，在心碎完之后将它们捡回来，补好，重生，哪怕有裂缝，也不要紧，只要那些裂缝没有毁掉你，它们就会真正成就你。

婚姻里的隐形杀手

有一位女性听友跟我说，上个月她无意中发现老公的微信里加了很多陌生人，有些聊天还很暧昧，热情奔放到她以为老公被盗号了。这还是那个沉默寡言的男人吗？她难以相信，不知道老公怎么突然变成了这样，实在是非常震惊，令人难以接受。

我问她："那他是真的突然就变成这样了吗？"这位听友斩钉截铁地说："是的，之前一切正常，什么事都没有，早上出去上班，晚上回来，连在外面吃饭都很少。"我再问她："那你们最近一次相互送礼物是什么时候呢？最近一次好好聊天又是什么时候？"她沉默了，说："有了孩子之后，几乎就没送过对方礼物，聊天基本就是问问孩子的情况。"然后她又说："那结了婚不都是这样吗？这不是很正常吗？"

　　这个答案，我倒是听很多女人说过。每次都是突然发现对方有了异心，她们惊愕不已，似乎认为对方一夜之间入了魔，再深入了解，却发现夫妻之间早已经缺乏互动，彼此的想法早已隔了千山万水。可是很多女人对这种现象都很麻木，觉得做夫妻久了，爱情就变成了亲情，很多家庭都是这样。我也不知道谁"发明"了"结婚后爱情就变成了亲情"这种说法。在这句话的"指导"下，很多男人和女人对于婚后的感情转淡都习以为常，对那些婚后还黏糊不已的夫妻，反而觉得人家矫情、晒恩爱，殊不知那才是婚姻本该有的颜色。

　　其实不管是20岁还是40岁的人，结婚1年还是10年，人都有感情需求。如果在婚姻里没有得到这种满足，那么有外遇的可能性是极大的。当你发现你们之间的话题除了老人和孩子已经不再聊其他的时候，当你发现两个人独处一个空间开始尴尬的时候，你就应该好好反省这段感情了，到底是哪里出了问题。如果等到对方变了心，感情已无法挽回的那天才发现，这时已经无力回天了。

　　很多时候，我们过分放大了责任的作用而忽视了心的力量。一辈子跟一个人生活在一起是需要勇气的，然而更需要的是用心和发现。发现两个人的共同点，用心经营，才是一路走下去的秘诀。

　　只有内心充实快乐、彼此能给予对方最好的精神陪伴的男女，才能在一段感情和关系中做到不管外在诱惑有多大，始终能够守住自己内心的一方净土。这种专一不需要刻意去约束，甚至不需要一纸婚书的保障，因为你们已经给了对方满满的爱，在这种爱的关系里，两个人都是最舒服、最满足的状态，有底气去抵抗任何的诱惑。